QUESTIONNAIRE

POUR

LE PREMIER EXAMEN DE DOCTORAT

RECUEIL

DE

SÉRIES D'EXAMENS SUBIS RÉCEMMENT (EN 1876)

A LA FACULTÉ DE MÉDECINE DE PARIS

INDIQUANT

1° La composition du Jury pour chaque série
2° La préparation anatomique de chaque Candidat
3° Les questions orales auxquelles le même Candidat a dû répondre ensuite
4° Enfin le résultat de l'Examen dans chaque série

SUIVI

DE QUESTIONS SUR LES ACCOUCHEMENTS

RECUEILLIES

AU CINQUIÈME EXAMEN DE DOCTORAT ET AUX EXAMENS DE SAGE-FEMME

PARIS

eaux du PROGRÈS MÉDICAL, rue des Ecoles, 6. | ADRIEN DELAHAYE, Libraire-Editeur, Place de l'Ecole-de-Médecine.

1876

QUESTIONNAIRE

POUR

LE PREMIER EXAMEN DE DOCTORAT

VERSAILLES. — IMPRIMERIE CERF ET FILS, 59, RUE DU PLESSIS

QUESTIONNAIRE

POUR

LE PREMIER EXAMEN DE DOCTORAT

RECUEIL

DE

SÉRIES D'EXAMENS SUBIS RÉCEMMENT (EN 1876)

A LA FACULTÉ DE MÉDECINE DE PARIS

INDIQUANT

1° La composition du Jury pour chaque série
2° La préparation anatomique de chaque Candidat
3° Les questions orales auxquelles le même Candidat a dû répondre ensuite
4° Enfin le résultat de l'Examen dans chaque série

SUIVI

DE QUESTIONS SUR LES ACCOUCHEMENTS

RECUEILLIES

AU CINQUIÈME EXAMEN DE DOCTORAT ET AUX EXAMENS DE SAGE-FEMME

PARIS

Aux bureaux du PROGRÈS MÉDICAL
6, rue des Ecoles. 6.

ADRIEN DELAHAYE, Libraire-Editeur
Place de l'Ecole-de-Médecine.

1876

PRÉFACE

La publication de ce questionnaire n'a d'autre but que de *reproduire textuellement*, et d'une manière absolue sans y retrancher ni y ajouter un seul mot, les questions faites au 1er examen de doctorat, dans une suite de séries d'examen, consécutives les unes aux autres, et dans *l'ordre de date* où elles ont eu lieu.

La plupart des questionnaires publiés jusqu'à ce jour sont presqu'en totalité l'œuvre de l'imagination de leurs auteurs ; ces questionnaires ne sont pas autre chose qu'un programme d'études, ou plutôt une table comme celle qu'on trouve à la fin de tous les ouvrages.

Ce questionnaire, *divisé en séries dans l'ordre où elles ont eu lieu ; indiquant la préparation anatomique que chaque candidat a dû faire en particulier ; représentant les candidats par les nos* 1er, 2e, 3e, 4e, *dans l'ordre où ils étaient réellement à l'examen oral ;* permet de voir quelles ont été les questions *personnellement faites à chaque élève*, et de se rendre compte de la difficulté de chaque épreuve en particulier. A l'aide de ce recueil, les candidats verront non-seulement d'une manière exacte comment sont posées les questions aux examens, mais encore ils pourront se *mettre en garde contre certaines questions imprévues* dans le cours des études, et qui, au moment de l'examen, décontenancent le candidat (car il faut bien le dire, on n'est pas dans son état normal à l'examen), et par suite sont souvent la cause d'un échec.

Ce recueil est surtout utile pour repasser dans la quinzaine ou le mois qui précède l'examen.

En résumé, ce recueil reproduit textuellement les questions, et présente *la vraie couleur locale de l'examen.*

Le questionnaire sur les accouchements qui se trouve à la fin, reproduit également les *questions textuelles* recueillies tant au cinquième examen de doctorat, qu'aux examens de sage-femme ?

Nota : *Les dates de chaque série auraient pu être indiquées ; mais elles sont tellement récentes, qu'on pourrait peut-être trop facilement reconnaître des noms.*

15 juin 1876.

QUESTIONNAIRE

POUR

LE PREMIER EXAMEN DE DOCTORAT

PREMIÈRE SÉRIE

MM.

Trélat,		Béclard,	Ledentu.
1er candidat.	*2e candidat.*	*3e candidat.*	*4e candidat.*

Préparations anatomiques.

1er candidat.	*Préparation* : *Examinateur* :	Nerf Grand-Hypoglosse. M. Béclard.
2e candidat.	*Préparation* : *Examinateur* :	Aponévroses abdominales. M. Béclard.
3e candidat.	*Préparation* : *Examinateur* :	Creux poplité. M. Ledentu.
4e candidat.	*Préparation* : *Examinateur* :	Muscles de l'épaule. M. Trélat.

Examen oral

M. TRÉLAT.

PREMIER CANDIDAT.

Parlez-moi du cuir chevelu ?

Quelle est la partie la plus sensible du cuir chevelu ?

Que trouvez-vous au-dessous du cuir chevelu ?

Qu'y a-t-il au-dessous de l'aponévrose épicrânienne ?

Que présente de particulier ce tissu cellulaire ?

Comment appelle-t-on le périoste qui revêt la voûte du crâne ?

Quelles sont les artères qui se distribuent à la voûte crânienne ?

Quelles sont les artères qui se distribuent en dehors de l'œil ?

Quelle est celle qui se distribue à la voûte crânienne en passant au-dessus du milieu de l'œil ?

Comment s'appelle le demi-canal dans lequel passe cette artère ?

De quelle artère la temporale superficielle est-elle la branche terminale ?

De quelle artère l'occipitale est-elle la branche terminale ?

Quels sont les muscles qui s'insèrent au petit trochanter ?

Combien de muscles psoas ?

Que présente de particulier le psoas iliaque ?

Comment le psoas iliaque sort-il de la cavité abdominale ?

Où s'insère le petit psoas ?

Quels sont les rapports du grand et du petit psoas avec les vaisseaux de la région ?

Quels sont les rapports de l'artère et de la veine iliaque primitives avec les psoas.

De quel côté de l'aorte est située la veine cave ?

Branches du plexus lombaire ?

Branche la plus élevée du plexus lombaire ?

Qu'est-ce qui sépare le muscle iliaque du cœcum ?

Qu'est-ce que la fosse iliaque ?

Qu'est-ce que la fascia transversalis ?

Qu'y a-t-il entre la fascia transversalis et la fascia iliaca ?

Qu'est-ce que la fascia iliaca ?

Sur quoi est appliqué le cœcum ?

Qu'est-ce que le muscle stylo-glosse ?
Est-ce un muscle important et volumineux ?

DEUXIÈME CANDIDAT.

Décrivez-moi le creux axillaire ?
Quelles sont les limites de la cavité appelée le creux axillaire ?
Quels sont les vaisseaux qu'on y rencontre ?
Quels sont les nerfs qu'on y trouve ?
Où sont placés ces nerfs ?
D'où viennent-ils ?
Décrivez-moi le muscle sterno-cleido-mastoïdien ?
Est-ce un muscle puissant ?
Quelle est sa largeur, sa longueur, son épaisseur ?
Quels sont ses rapports superficiels ?
Est-il en rapport avec la glande thyroïde ?
Au-dessus de la glande thyroïde, avec quoi est-il en rapport ?
De quelle artère est-il satellite ?
A-t-il des rapports avec la carotide externe ?
Par quoi est-il séparé de la carotide externe ?
Quels sont ses rapports avec la carotide primitive ?
Le muscle est-il directement en rapport avec la carotide primitive ?
Qu'y a-t-il entre le muscle et l'artère carotide primitive ?
Qu'est-ce le ventricule de Morgagni ?
Est-il profond ?
Quelle est sa dimension ?
Quelle est sa forme ?
Est-il très-développé chez l'homme ?
Est-il plus développé chez d'autres animaux que chez l'homme ?
Parlez-moi de la corde vocale inférieure ?
Avec quel muscle est-elle en rapport ?
Comment s'appelle ce muscle ?
A quoi sert ce muscle ?
Où se perd ce muscle ?

TROISIÈME CANDIDAT.

Quelles sont les insertions du long péronier latéral ?
Insertions du long fléchisseur commun des orteils ?
Quelle est son action ?
Qu'est-ce qu'un pied plat ? Qu'est-ce que ce muscle présente de remarquable dans le pied plat ?

Comment reconnaîtrez-vous un pied plat ?

Citez-moi les muscles de la partie postérieure de la jambe?

Y a-t-il des muscles réfléchis et des muscles non réfléchis ?

Citez-moi des muscles réfléchis et des muscles non réfléchis ?

Citez-moi des muscles réfléchis dans le bassin ?

Quels sont les rapports du tendon de l'obturateur interne à son insertion ?

Parlez-moi des muscles jumeaux dans le bassin ?

Connaissez-vous encore d'autres muscles réfléchis dans la région de l'œil ?

Parlez-moi du grand oblique ?

Dans quoi le grand oblique est-il réfléchi ?

Quelle est la fonction du grand oblique ?

D'où le muscle grand oblique de l'œil prend-il ses nerfs ? (Du nerf pathétique qui lui est spécialement destiné.)

Décrivez-moi le pathétique ?

Quels sont les autres nerfs qui animent les autres muscles de l'œil ?

Comment s'appelle la cinquième paire de nerfs crâniens ?

Décrivez moi le trijumeau ?

Décrivez-moi sa branche supérieure ?

Savez-vous quelle est la nationalité de Wilis?

M. LEDENTU.

QUATRIÈME CANDIDAT.

Parlez-moi de la trachée ?

Où se trouvent les fibres musculaires dans la trachée?

Quelle est la structure de la trachée ?

Que trouve-t-on dans son épaisseur ?

Qu'est-ce que les glandes en grappes dans la trachée ?

Que trouve-t-on dans l'intervalle des anneaux ?

Indiquez-moi les différentes modifications qui existent dans la disposition des éléments de la trachée ?

Qu'est-ce que l'éperon dans la trachée ?

Que trouve-t-on après la disparition des anneaux ?

En combien de branches se bifurquent-elles ?

Comment s'appellent ces deux branches ?

Que se trouve-t-il dans les intervalles de ces deux branches de bifurcation ?

Sont-ce des anneaux comme dans la trachée proprement dite ?

Qu'est-ce qu'un lobule pulmonaire ?
Y a-t-il des animaux dont le poumon ne présente qu'un seul lobule ?
Que présente de particulier le poumon d'une grenouille ?
Qu'appelle-t-on canalicules bronchiques ?
Que présente de particulier la muqueuse qui tapisse la trachée ?
Quelle est la structure d'un lobule pulmonaire ?

PREMIER CANDIDAT.

Qu'est-ce qui constitue les méninges crâniennes ?
Qu'est-ce que la dure-mère ?
La dure-mère peut-elle se diviser en deux feuillets ?
Qu'est-ce que la faux du cerveau ?
Décrivez-moi la faux du cerveau ?
Où s'insère la faux du cerveau par son sommet ?
Qu'est-ce que la tente du cervelet ?
Quel sinus trouve-t-on dans la tente du cervelet ?
Où se terminent ces sinus ?
Parlez-moi de la veine jugulaire interne ?
Quelle est son origine ?
Montrez-moi sur le crâne où se trouvent : 1° les sinus pétreux inférieurs ?
2° Les sinus pétreux supérieurs ?
3° Les sinus caverneux ?
Quelle est la principale origine des sinus caverneux ?
Quels sont les noms des autres sinus ?
Quels nerfs trouve-t-on dans l'orbite ?
Quel est le trajet de la carotide interne ?
Qu'est-ce que les sinus frontaux ?
Où se trouvent les sinus frontaux ?

DEUXIÈME CANDIDAT.

Quelle est la situation des sinus caverneux ?
Où se trouve le sinus circulaire ?
Où se trouve le sinus anastomotique ?
Qu'est-ce que la selle turcique ?
Quels sont les muscles qui constituent les fosses nasales ?
Qu'appelle-t-on l'oreille de chien ?
Qu'est-ce que les cellules ethmoïdales ?
Orifices de ces cellules ?
Orifices dans les méats ?

Orifices des fosses nasales ?
Qu'est-ce que le méat supérieur ?
Quels sont les branches fournies par le nerf crural ?
Quelle est la plus importante ?
Quelles sont les branches perforantes ?
Quelles sont les branches perforantes musculaires ?

M. BÉCLARD.

TROISIÈME CANDIDAT.

Quelle est la température moyenne de l'homme ?

Que veut dire température moyenne ?

Quelle est la différence de la température sous l'aisselle et dans la bouche ?

Laquelle est la plus élevée ?

Indiquez cette différence par un chiffre ?

Comment vous y prendrez-vous pour prendre la température sous la langue ?

De quel thermomètre se sert-on pour prendre la température ?

Pourquoi y a-t-il avantage à se servir d'un thermomètre de peu de divisions ?

La température se prend-elle encore avec un autre instrument qu'un thermomètre ?

Peut-on prendre la température dans l'épaisseur des tissus, par exemple, dans l'épaisseur d'un muscle ?

Comment s'appelle l'instrument dont on se sert ?

Indiquez-moi de quoi se compose l'instrument ?

Sur quel principe est basé cette manière de rechercher la température ?

Peut-on prendre la température du sang dans les vaisseaux ? Comment fait-on ?

Jusqu'à quel degré la température peut-elle s'abaisser chez l'homme ?

QUATRIÈME CANDIDAT.

Parlez-moi de la sécrétion biliaire ?
La bile émulsionne-t-elle les matières grasses ?
Quel est le rôle de la bile dans la digestion ?

Est-ce un rôle accessoire ?

Comparez la bile avec les autres liquides digestifs ?

La bile est-elle expulsée en quantité considérable ou en petite quantité ?

Par quels canaux est-elle expulsée ?

Si un animal était à jeun depuis 3 ou 4 jours, que trouveriez-vous dans la vésicule biliaire ?

La bile serait-elle liquide ou épaisse ?

Quel aspect présente dans ce cas la vésicule biliaire ?

A quel moment la bile est-elle liquide ?

Différence de couleur entre la bile liquide et la bile épaisse ?

Résultat : Tous les candidats reçus.

DEUXIÈME SÉRIE

MM.

Dolbeau,	Sappey,	Mat. Duval.
1er candidat.	*2e candidat.*	*3e candidat.*

Préparations anatomiques.

1er candidat.	*Préparation* :	Eminence thénar.
	Examinateur :	M. Sappey.
2e candidat.	*Préparation* :	Glandes salivaires.
	Examinateur :	M. Mathias Duval.
3e candidat.	*Préparation* :	Région inguino-crurale.
	Examinateur :	M. Dolbeau.

Trois candidats seulement se sont présentés.

Examen oral.

M. DOLBEAU.

PREMIER CANDIDAT.

Comment se fait le développement des dents ?
Décrivez-moi la dure-mère ?
Décrivez-moi la tente du cervelet ?
Qu'est-ce que la faux du cerveau ?
Où s'insère la pointe de la faux du cerveau ?
Combien y a-t-il de sinus dans la faux du cerveau ?

Quelles veines rencontre-t-on dans ces sinus ?

Quelles sont les causes qui font circuler le sang dans le système de la veine porte ?

Quels sont les organes contractiles dans le système porte ? Connaissez-vous les expériences de M. Beau ? Quelles sont les opinions de M. Beau ?

Décrivez-moi le tronc de la veine porte ?

Y a-t-il des valvules dans le système porte ?

Comment s'aperçoit-on qu'il y a un arrêt dans le système de la veine porte ?

Quelles sont les veines de la paroi abdominale.

Parlez-moi de la circulation dans le foie ; comment se fait-elle ?

Qu'est-ce que les hémorrhoïdes ?

DEUXIÈME CANDIDAT.

Quels sont les muscles du voile du palais ?

Quelle est la structure du voile du palais ?

Décrivez-moi la voûte palatine ?

Quelles artères rencontre-t-on dans le voile du palais ?

Qu'est-ce que l'arrière cavité des épiploons ?

Décrivez-moi l'arrière cavité des épiploons ?

Qu'est-ce que le grand épiploon ?

Qu'est-ce que le plexus-sacré ?

Quel est son trajet ?

Combien fournit-il de branches ?

Où se terminent-elles ?

M. MATHIAS DUVAL.

PREMIER CANDIDAT.

D'où naît le nerf grand hypoglosse ?

Décrivez-moi ce nerf ? Son trajet ?

Qu'est-ce que le cristallin ?

Quelle est la forme du cristallin ?

Décrivez-moi le cristallin ; donnez-moi ses rapports ?

Décrivez-moi les cordes vocales ?

TROISIÈME CANDIDAT.

Qu'entend-on par phénomènes de contraction ?
Qu'est ce que la rigidité cadavérique ?
Décrivez-moi la circulation dans le cœur ?
Par où le sang arrive-t-il dans l'oreillette droite du cœur ?
Qu'est-ce que les valvules ?
Que devient le sang dans l'oreillette droite ?
En vertu de quelle force passe-t-il dans le ventricule ?
Que devient-il dans le ventricule, pourquoi ne remonte-t-il pas dans l'oreillette?
Comment la valvule dont vous me parlez s'oppose-t-elle à ce que le sang remonte ?
Connaissez-vous la théorie de la soupape?
Où passe le sang en sortant du ventricule ?
Pourquoi le sang ne revient-il pas dans le ventricule?
Laquelle dure le plus longtemps de la contraction du ventricule ou de celle de l'oreillette ?
Pourquoi celle du ventricule dure-t-elle plus longtemps?
Pourquoi la paroi du ventricule est-elle plus épaisse que celle de l'oreillette ?
Quelles sont les fonctions de la 7e paire crânienne ?
Décrivez-moi le nerf facial ?
Quelles sont ses branches ?
Qu'est-ce que le trijumeau ?
Qu'est-ce que le buccinateur ?
Qu'est-ce que le masséter ?
Qu'observe-t-on chez les personnes paralysées du facial, relativement au buccinateur ?

M. SAPPEY.

DEUXIÈME CANDIDAT.

Quels sont les muscles de la partie antérieure de la jambe ?
Insertions du jambier antérieur ?
Insertions des péroniers ?
En quoi le 5e métatarsien diffère-t-il des autres métatarsiens ?
Quel tendon s'attache à l'apophyse du 5e métatarsien ?

Parlez-moi des veines caves inférieure et supérieure ; indiquez-moi leur trajet ?

Indiquez-moi dans leur trajet, les rapports des deux veines caves inférieure et supérieure ?

Qu'est-ce que la grande veine Azygos ?

Quel est son trajet ?

Qu'est-ce que la petite veine Azygos ; son trajet ?

Comment la veine grande Azygos fait-elle communiquer la veine cave supérieure avec l'inférieure ?

Si on comprimait la veine cave inférieure, le sang arriverait-il néanmoins au cœur ? Par où ? Par quelle voie ?

(R. Par les veines lombaires ascendantes et intra-rachidiennes.)

D'où naît le nerf spinal ?

Qnel est son trajet ?

TROISIÈME CANDIDAT.

Quels sont les ligaments qui s'attachent à l'acromion ?

Quelle est la direction générale des nerfs ?

Quelle est la direction générale des veines ?

Quelle est la situation des veines par rapport aux artères ?

Qu'est-ce qu'on rencontre dans le triangle de scarpa ?

Que savez-vous sur la structure du derme ?

Qu'est-ce que les fibres élastiques ?

Qu'est-ce que les fibres musculaires ?

Qu'est-ce que les fibres lisses ?

Les fibres musculaires sont-elles groupées en faisceaux ? En combien ?

Où se rendent les faisceaux profonds ?

Quels sont les rapports du tronc brachio-céphalique ?

Quels sont les rapports de l'artère crurale au niveau du pli de l'aine ?

RÉSULTAT : 1er et 2e candidats reçus.
3e candidat refusé.

TROISIÈME SÉRIE

MM.

Dolbeau,	Sappey,		Delens.
1er candidat,	*2e candidat,*	*5e candidat,*	*4e candidat.*

Préparations anatomiques.

1er candidat.	*Préparation* :	Fosse iliaque interne.
	Examinateur :	M. Delens.
2e candidat.	*Préparation* :	Nerf récurrent.
	Examinateur :	M. Dolbeau.
3e candidat.	*Préparation* :	Artère axillaire.
	Examinateur :	M. Sappey.
4e candidat.	*Préparation* :	Articulation tibio-tarsienne
	Examinateur :	M. Delens.

Examen oral.

M. DOLBEAU.

PREMIER CANDIDAT.

Qu'y a-t-il au fond de l'orbite ?
Parlez-moi de l'artère ophthalmique ?
Combien y a-t-il d'artères ciliaires ?
Qu'est-ce que le nerf optique ?
Que deviennent les artères ciliaires longues ?

Que perforent-elles ?
Où vont-elles ? où se terminent-elles ?
A la circonférence de l'iris qu'est-ce quelles deviennent ?
En combien de branches se divisent-elles ?
Qu'est-ce que les ciliaires courtes antérieures ?
Comment arrivent-elles au globe de l'œil ?
Dans la choroïde quel est l'endroit où se trouve le plus d'artères ?
Y a-t-il beaucoup de veines dans les procès ciliaires ?
Quels vaisseaux trouve-t-on dans la papille optique ?
Quel est le genre de vascularisation ?

TROISIÈME CANDIDAT.

Quelle est la charpente du voile du palais ?
Quelle forme présente l'aponévrose du voile du palais ?
Combien y a-t-il d'espèces de muscles dans le voile du palais ?
Quels sont les plus nombreux ?
Décrivez-moi le muscle pharyngo-staphilin ?
A quoi sert-il ?
Comment appelez-vous ce mouvement qui se passe au 2e temps de la déglutition ?
Qu'est-ce qu'un mouvement réflexe ?
Donnez des exemples de mouvement réflexe ?
Quand on sectionne la moelle à différentes hauteurs, que se passe-t-il ; prenez des exemples ?
Si la moelle est sectionnée dans la région dorso-lombaire, que se passe-t-il ?
Dans la moelle y a-t-il un centre moteur ?
Est-il indépendant du cerveau ?
Dans le clignement des yeux y a-t-il un mouvement réflexe ?
Quelle sensation donne le clignement ?

QUATRIÈME CANDIDAT.

Qu'est-ce que la trompe d'Eustache ?
Quelle est sa structure ?
Quelle est sa dimension ?
Quelle est sa direction ?
Où commence ce canal ?
Où se termine la trompe d'Eustache ?
Quelle est sa longueur ?
Quelle est la forme de ce conduit ?

Quelle est la forme des orifices ?

La cavité de la trompe est-elle grande; que peut-on y introduire?

Quelle espèce d'épithélium trouvez-vous dans la trompe d'Eustache ?

Existe-t-il un canal osseux parallèle à la trompe d'Eustache ?

Qu'est-ce que les canons de fusil ?

Qu'est-ce que le plexus sacré ?

Quelles sont les branches terminales du plexus sacré ?

Qu'est-ce pue le plexus hypogastrique ?

M. DELENS.

DEUXIÈME CANDIDAT.

Qu'y a-t-il dans l'arrière cavité des fosses nasales ?

Quelle est la dimension et la forme de ces orifices ?

Qu'est-ce qui les sépare ?

Qu'est-ce que la cloison des fosses nasales, par quoi est-elle constituée ?

Que voyez-vous par les orifices postérieurs des fosses nasales ?

Qu'est-ce que les cornets ?

Qu'est-ce que le corps thyroïde, où est-il situé ?

Dans quelle catégorie d'organes rangez-vous le corps thyroïde ?

Citez-moi d'autres glandes de même nature ?

De quels autres organes très-nombreux rapprochez-vous le corps thyroïde ?

Qu'y a-t-il entre les deux lobes ?

Quel nom donnez-vous à la portion moyenne du corps thyroïde ?

Existe-t-il une partie surajoutée au corps thyroïde, un prolongement d'un lobe du corps thyroïde ?

Quels sont les rapports du corps thyroïde ?

Quels sont ses usages ?

Quels sont les nerfs qui animent les muscles du bras ? de l'avant-bras ? de la main ?

Insertions du brachial antérieur ?

Insertions du triceps brachial ?

Quel est le trajet du nerf radial ?

Quels sont les nerfs qui animent les fléchisseurs de l'avant-bras ?

Et les extenseurs de l'avant-bras, d'où reçoivent-ils leurs nerfs ?

TROISIÈME CANDIDAT.

Qu'est-ce que la lame criblée de l'ethmoïde ?
Décrivez-moi les orifices de l'ethmoïde ?
Sont-ce des trous ?
A quoi sont destinées les ramifications des nerfs olfactifs ?
D'où vient le rameau nasal ?
Où va-t-il ?
Quel est le trajet de l'artère sous-clavière ?
Quelles sont ses limites ?
Quelle est sa direction ?
Quels sont les rapports de cette artère au-dessus de la première côte ?
Quels sont les rapports du muscle scalène antérieur ?
Quelles sont ses insertions ?
Quels sont les rapports de l'artère sous-clavière au niveau de ce muscle ?
En arrière et en bas, avec quoi l'artère est-elle en rapport ?
L'artère sous-clavière donne-t-elle des branches dans tout son trajet ?
Donne-t-elle des branches entre les scalènes ? Nommez ces branches ?
Prenez la thyroïdienne inférieure, dites-moi ses rapports ?
Quelles sont ses anastomoses ?

M. SAPPEY.

PREMIER CANDIDAT.

Décrivez-moi l'humérus ?
Comparez l'humérus avec le fémur ?
Y a-t-il un col anatomique et un col chirurgical sur ces deux os ?
Le col anatomique est-il prononcé sur le fémur ?
Comparez les tubérosités de ces deux os ?
Quel est le bord du fémur qui présente le tissu le plus compacte ?
Quels sont les muscles qui s'insèrent au grand trochanter ?
Où s'insère le petit fessier ; montrez-le-moi ?
Où s'insère le grand fessier ; montrez-le-moi ?

Quelles sont les branches collatérales de l'artère fémorale ?
Quelles sont les branches de la fémorale profonde à son origine ?
Comparez le trajet des artères circonflexes, au bras et à la cuisse?
Des deux circonflexes et de l'épaule, laquelle est la plus importante ?
Où va la circonflexe postérieure de l'épaule ?
Est-elle accompagnée par un nerf ?
Quelle est la plus importante des circonflexes de la cuisse ?
Quelles sont les autres branches de l'artère fémorale ?
Dans quelle partie de la langue se perd le nerf glosso-pharyngien?
Où se perd le nerf grand-hypoglosse ?

DEUXIÈME CANDIDAT.

Décrivez-moi le fémur ?
Mettez-le en position ?
Qu'est-ce que le condyle interne ?
Quels sont les ligaments attachés au condyle interne ?
Que présente de particulier le condyle externe ?
Muscle qui s'insère dans la gouttière du condyle externe ?
Quels sont les rapports de l'artère cubitale ?
Quelles sont les branches les plus importantes de l'arcade palmaire superficielle ?
Combien y en a-t-il, comment les appelez-vous ? (R. 4 ou 5, branches digitales).
Comment se comportent les tendons des extenseurs des doigts au niveau de leurs attaches sur la face dorsale des doigts ?

TROISIÈME CANDIDAT.

Quels sont les os du tarse ?
Où placez-vous le scaphoïde ?
Où placez-vous le cuboïde ?
Quel muscle passe devant le cuboïde ?
Décrivez-moi l'articulation sterno-claviculaire ?
Comment est configurée la facette sternale ?
Dans quel sens est-elle concave, dans quel sens est-elle convexe?
Quels sont les ligaments de cette articulation?
Quel est le nom du ligament inférieur ?
Quelles sont les attaches du ligament supérieur ?
Quel est le trajet du nerf phrénique ?
Quelle est son origine et sa terminaison ?
Qu'est-ce que le plexus cervical profond ?

Sur quel muscle est-il posé dans sa portion cervicale ? (Sur le scalène antérieur).

Où va-t-il ensuite dans le thorax ?

Entre quels vaisseaux passe-t-il pour entrer dans le thorax ?

Quel est son trajet ensuite ?

Comment se comporte-t-il à l'égard de la racine du poumon ? (La coupe).

Ensuite où passe-t-il ?

Comment se termine-t-il et où se termine-t-il ?

D'où vient le nerf de la 6e paire crânienne ?

Où va-t-il se perdre ?

Quel nerf anime le muscle grand oblique de l'œil ?

Quel nerf anime le petit oblique ?

Quel nerf anime le muscle sphincter des paupières ; le muscle masséter ?

Quel nerf anime la moitié antérieure de la muqueuse linguale ?

Qu'appelle-on conduit de Warton ? où va-t-il s'ouvrir ?

Résultat : 1er, 2e, 4e reçus.
3e refusé.

QUATRIÈME SÉRIE

MM.

BÉCLARD,		VULPIAN,	LEDENTU.
1er candidat.	*2e candidat.*	*3e candidat.*	*4e candidat.*

Préparations anatomiques.

1er candidat.	*Préparation :* Région sus-hyoïdienne. *Examinateur :* M. VULPIAN.
2e candidat.	*Préparation :* Pancréas et canal pancréatique. *Examinateur :* M. VULPIAN.
3e candidat.	*Préparation :* Articulation scapulo-humérale. *Examinateur :* M. LEDENTU.
4e candidat.	*Préparation :* Région postérieure de la jambe. *Examinateur :* M. BÉCLARD.

Examen oral.

M. BÉCLARD.

Quels sont les aliments dont nous faisons le plus souvent usage ?
A quel groupe appartiennent les matieres grasses ?
Quelles sont les matières grasses ; dans quels aliments se trouvent-elles ?
Dans le lait comment appelle-t-on la matière grasse ?
A quel état existe le beurre dans le lait ?
Le beurre existe-t-il dans d'autres aliments ?

Où se fait la digestion ?

Quelle différence y a-t-il entre la digestion de l'huile et la digestion de la graisse des animaux ?

Quelle est la digestion la plus rapide de ces deux corps gras ?

Quelles modifications éprouvent les matières grasses des animaux pendant la digestion ?

Quelles modifications éprouvent les matières grasses des végétaux pendant la digestion ?

Où se fait la digestion de matières grasses animales ? Où sont-elles absorbées ?

L'absorption des matières grasses se fait-elle dans la même proportion que les matières albuminoïdes ?

Que deviennent les matières grasses quand elles arrivent dans le sang.

Quelle différence y a-t-il entre le sang d'un animal qui meurt après avoir absorbé des matières grasses, et le sang de celui qui meurt après avoir absorbé des matières albuminoïdes ? Ou bien si vous saignez un animal nourri avec des matières grasses, et un autre nourri avec des matières albuminoïdes, quelle différence entre les deux sangs ?

DEUXIÈME CANDIDAT.

Qu'appelle-t-on inspiration ?

Qu'est-ce qui détermine l'ampliation de la poitrine pendant l'inspiration ?

Qu'est-ce que les muscles inspirateurs font mouvoir ?

Quels sont les diamètres de la poitrine quand elle est augmentée par le mouvement des côtes pendant la respiration ?

Quels sont les muscles élévateurs des côtes ?

Y a-t-il d'autres muscles inspirateurs qui s'insèrent à la colonne vertébrale et sur les côtes ?

Le petit dentelé postérieur et supérieur s'insère-t-il à beancoup de côtes ?

Quelles sont ses insertions fixes ?

Est-ce un muscle superficiel ?

Quelles sont ses insertions mobiles sur les côtes ?

Y a-t-il encore un autre muscle inspirateur ?

Le grand dentelé est-il inspirateur par toutes ses parties ? Par quelles parties est-il inspirateur ?

Quelle est l'action de ses digitations supérieures et de ses digitations inférieures ?

Quels sont, des muscles inspirateurs ou des muscles expirateurs ceux qui exigent les plus grands efforts ?

Le poumon agit-il dans l'expiration ?

TROISIÈME CANDIDAT.

Y a-t-il beaucoup de sécrétions ?

Quelles sont leurs divisions ?

Se ressemblent-elles, ou sont-elles toutes différentes les unes des autres ?

Indiquez-moi les deux grands groupes de sécrétions ?

Quelles sont les sécrétions destinées à l'élimination, et quelles sont-elles ?

Les sécrétions sébacées sont-elles plus nombreuses en certains points du corps ?

Parlez-moi de la sécrétion de la sueur ? de l'urine ? de la bile ?

Par où la bile est-elle expulsée ?

Qu'est-ce que la sécrétion des larmes ?

Dans quelle circonstance a-t-on constaté qu'il est nécessaire que l'air soit chargé d'humidité en pénétrant dans les bronches ?

Dans quelle opération chirurgicale au sujet de quelle maladie ? (Croup.)

Que fait-on dans cette opération ?

Quel instrument a été inventé pour remplir cette condition ? Par qui a-t-il été inventé ? (Trousseau.)

Quelles sont les matières expulsées par la bile ?

D'où vient l'urée ? l'acide urique ?

M. LEDENTU.

QUATRIÈME CANDIDAT.

Que savez-vous du trigone cérébral ?

Qu'est-ce que la voûte à trois piliers ? Le mot de trois piliers est-il exact ?

Quelle est la direction des piliers antérieurs ?

Qu'est-ce que les tubercules mamillaires ?

Qu'est-ce que les piliers postérieurs ?

Qu'appelle-t-on hypocambe ?

Quelle est la situation du trigone cérébral par rapport à la toile choroïdienne ?

Qu'est-ce que la toile choroïdienne ; quelle est sa forme ?

Quelle est sa structure ?

Y a-t-il un endroit dans cette toile où on trouve beaucoup de vaisseaux ? Quel est cet endroit ? Comment l'appelle-t-on ?

Que trouve-t-on dans le tissu de la toile choroïdienne ?

Quel élément retrouve-t-on sur cette toile, et qui existe également à la surface des ventricules du cerveau ? (Epithélium vibratil.)

Qu'est-ce qui constitue les parois de la toile choroïdienne ?

Quelles sont les particularités de la couche optique ?

Qu'est-ce que le trou de Monro ?

Quelles sont ses limites ?

Quels sont les ligaments de l'articulation tibio-tarsienne ?

Le ligament latéral interne est-il simple ?

Où sent-on le plus facilement la synoviale ; en avant ou en arrière ?

PREMIER CANDIDAT.

Quels sont les os du tarse ?

Quelle est la rangée antérieure ?

Décrivez l'articulation du scaphoïde ?

Décrivez l'articulation du cuboïde ?

Décrivez l'articulation des 1ers métatarsiens avec le tarse ?

Qu'y a-t-il de remarquable à la partie externe du cinquième métatarsien ?

Quelles saillies se trouvent sur le bord interne du pied ?

Muscles de la région interne du pied ?

Leurs insertions ?

Muscles qui entourent l'articulation tibio-tarsienne ? Gaînes de ces muscles ?

Quel est le ligament qui renferme la gouttière cuboïde ?

Qu'est-ce que la scissure de Sylvius ?

Quelle artère y rencontre-t-on ?

Qu'appelle-t-on espace perforé antérieur ?

DEUXIÈME CANDIDAT.

Parlez-moi du péritoine dans la région supérieure de l'abdomen ?

Qu'est-ce que l'hiatus de Wenslow ?

Quel organe se trouve à la partie supérieure de l'hiatus ? et à la partie inférieure ?

Quelles sont les limites de l'hiatus ?

Quelles sont les origines de la veine porte ?

Quelle est la longueur de la veine porte ?

Que devient-elle, où va-t-elle ?

Avec quelle partie du foie est-elle en rapport ?

Qu'est-ce que les veines sus-hépatiques ?
Que trouve-t-on dans un lobule du foie ?
Quels sont les éléments fondamentaux du foie ?
Quels sont les rapports du corps thyroïde ?
Quelle est la partie du corps thyroïde en rapport avec la carotide primitive ?
Les lobes du corps thyroïde ne sont-ils en rapport qu'avec la trachée ?
Qu'est-ce qu'on appelle isthme du corps thyroïde ?
Avec quoi l'isthme est-il en rapport ?
Est-il en rapport avec la trachée ?
Quelles sont les artères du corps thyroïde ?
D'où viennent-elles ?
D'où vient la thyroïdienne supérieure ?

M. VULPIAN.

TROISIÈME CANDIDAT.

Parlez-moi du péricarde ?
Quelles sont ses limites ?
Quels sont les rapports des feuillets du péricarde avec l'aorte et l'artère pulmonaire ?
Indiquez-moi les autres rapports du péricarde ?
Décrivez-moi l'hexagone artériel de Willis ?
Comment se fait l'irrigation de l'hexagone artériel ?

QUATRIÈME CANDIDAT.

Qu'est-ce que le suc gastrique ? sa composition ?
Quelles sont les conditions nécessaires à la digestion ?
Quelle température faut-il ?
Par quel moyen a-t-on vu qu'il faut une certaine température ?
Si la température s'élève trop, qu'arrive-t-il ?
La température de l'homme peut-elle s'élever jusqu'à 45° (44° 75).
Si on fait bouillir le suc gastrique, qu'arrive-t-il ?
Comment extrait-on la pepsine du suc gastrique ?
Quelle substance précipite le suc gastrique ?
Qu'est-ce que le peptone, comment est-il formé ?
Le peptone peut-il être absorbé et assimilé ?

Résultat : Tous reçus.

CINQUIÈME SÉRIE

MM.

Lefort,	Gosselin,		Lannelongue.
1er candidat.	*2e candidat.*	*3e candidat.*	*4e candidat.*

Préparations anatomiques.

1er candidat.	*Préparation* :	Canal crural et canal inguinal.
	Examinateur :	M. Gosselin.
2e candidat.	*Préparation* :	Glandes salivaires.
	Examinateur :	M. Gosselin.
3e candidat.	*Préparation* :	Veines et artères de l'avant-bras.
	Examinateur :	M. Lannelongue.
4e candidat.	*Préparation* :	Articulation huméro-cubitale.
	Examinateur :	M. Lefort.

Les questions orales de cette série n'ont pu être recueillies parce que l'examen de la série suivante avait lieu en même temps.

SIXIÈME SÉRIE

MM.

Dolbeau,	Sappey,		Anger.
1er candidat.	*2e candidat.*	*3e candidat.*	*4e candidat.*

Préparations anatomiques.

1er candidat.	*Préparation* :	Veine porte.
	Examinateur :	M. Dolbeau.
2e candidat.	*Préparation* :	Carotide primitive.
	Examinateur :	M. Sappey.
3e candidat.	*Préparation* :	Articulation tibio-tarsienne.
	Examinateur :	M. Anger.
4e candidat.	*Préparation* :	Nerfs du pied.
	Examinateur :	M. Anger.

Examen oral.

M. DOLBEAU.

DEUXIÈME CANDIDAT

Parlez-moi du bassin ? Donnez-moi une définition du bassin.
Comment divisez-vous le squelette ?
Le bassin est-il une cavité ?
Quel nom donnez-vous à la cavité du bassin ?
Comment divise-t-on le bassin ?
Qu'est-ce que le détroit supérieur ?

Quelles sont ses limites ?

Quel est le nom de la partie située au-dessus du détroit supérieur ?

Qu'est-ce que le grand bassin, le petit bassin ?

Qu'y a-t-il entre les deux bassins ?

Où se trouve le promontoire ; quel autre nom lui donne-t-on ?

A quoi sert-il dans les accouchements ?

Peut-on le toucher chez une femme vivante ; par quel toucher ? (Rectal.)

Quelle est la distance entre le promontoire et le détroit supérieur ? (11 centimètres.)

Où s'insère au pied le long péronier latéral ?

D'arrière en avant, quelles tubérosités rencontre-t-on à la partie interne du pied ?

Où s'insère au pied le péronier antérieur ?

Où s'insère le court péronier latéral ?

TROISIÈME CANDIDAT.

Décrivez-moi l'articulation sous-astragalienne !

Quel est le ligament le plus puissant ?

Comment est-il constitué ?

Quelles sont les branches de l'artère fémorale ?

Que savez-vous de la fémorale profonde ?

Où naît-elle, cette naissance varie-t-elle ?

Pourquoi s'occupe-t-on de savoir où elle prend naissance exactement ?

Quelles conditions faut-il remplir pour qu'une ligature réussisse ?

Quels phénomènes se passent-ils quand vous faites une ligature ?

A quoi servira le caillot qui se formera ?

Où faut-il lier une collatérale ?

Où fait-on la ligature de la fémorale profonde dans le triangle de scarpa ?

Quelles sont les branches de la fémorale profonde ?

Combien y a-t-il de perforantes ?

Quelle est leur disposition ?

Expliquez-moi comment se fait l'arcade ?

Avec quelle artère s'anastomose la première perforante ?

D'où vient l'artère circonflexe ?

Avec quelle artère s'anastomose la perforante inférieure ?

QUATRIÈME CANDIDAT.

Quelles sont les branches artérielles qui naissent de l'aorte thoracique ?

Combien y a-t-il d'artères intercostales ?
Comment la circulation se fait-elle dans les veines intercostales ?
Combien y a-t-il de veines intercostales ?
Comment se jettent-elles dans la circulation générale ?
Qu'est-ce que la veine Azygos ?
Où se jette le tronc des veines Azygos ?
Comment se fait le mécanisme de réplétion de l'oreillètte droite ?
Quel est l'agent de réplétion de l'oreillette droite ?
Comment commence la circulation dans l'oreillette droite ?
Que devient le sang ; de l'oreillette où va-t-il ?
Qu'y a-t-il de particulier dans la circulation du cœur gauche chez le fœtus ?
Qu'est-ce que le canal artériel ?
A quoi sert-il ?

M. ANGER.

PREMIER CANDIDAT

Quels sont les muscles du bras ?
Quels sont les rapports de la partie interne du biceps ?
Combien l'artère humérale donne-t-elle de branches au bras ?
Quels nerfs sont en rapport avec l'artère humérale ?
Combien de veines humérales ? (2).
Combien de veines axillaires ? (1).
Où commence l'artère humérale ?
Où faut-il faire la ligature de l'artère humérale ?
Qu'appelle-t-on collatérales conservées ?
Quelles branches servent au rétablissement de la circulation quand on fait la ligature ?
Quelles sont les insertions du deltoïde ?
Qu'est-ce qui se trouve au-dessous du deltoïde au point de vue chirurgical ?
Comment est constituée la bourse séreuse ?
Au-dessous de la séreuse qu'y a-t-il ?
Quelles sont les fonctions du deltoïde et des autres muscles du bras ?
Quelle est l'action des muscles qui s'insèrent à la tête humérale ?
Comment est fait le canal inguinal ?

DEUXIÈME CANDIDAT.

Continuez la description du canal inguinal ?
Ses limites ?
Comment appelle-t-on le faisceau fibreux ?
Qu'est-ce qui limite en arrière le canal inguinal ?
Qu'est-ce qui constitue la paroi antérieure ?
Comment faut-il débrider ?
Qu'appelle-t-on fossette vésico-pubienne ?
Qu'appelle-t-on fossette inguinale interne ? fossette inguinale externe ? fossette inguinale moyenne ?
Comment est limitée la moyenne ?
Qu'est-ce que l'artère ombilicale ?
Est-il dangereux de la couper ?
Qu'est-ce que le rein ?
Quels sont les rapports de l'utérus avec la vessie ?
Quels sont ses rapports avec le bas-fond de la vessie ?
Qu'appelez-vous cul de sac rectal ?
Si vous portez la pulpe du doigt derrière le col de l'utérus, qu'est ce qui vous sépare du péritoine ?
Quelle est la structure du tissu du vagin ?
Quelle est l'importance des rapports des culs-de-sac vaginaux avec le péritoine ?
Quelle est la structure de la cloison recto-vaginale ?
Dans quelle point la cloison est-elle plus épaisse ?
Qu'est-ce qui sépare le rectum du vagin ?
Quels sont les rapports de la carotide externe et de ses branches ?
Quels sont la direction et les rapports de l'artère linguale ?
Quel est le nerf très-important le plus en rapport avec la carotide externe (grand hypoglosse).
D'où naît l'artère ophthalmique ?
Sa disposition ; ses rapports au point où elle pénètre dans le crâne ?
Quelle est la disposition des glandes lacrymales ; y a-t-il plusieurs faisceaux ?
Qu'est-ce que le sinus caverneux ?
Qu'est-ce que le sinus longitudinal supérieur ; quelle est sa disposition à sa partie interne ?
Comment sont formés les sinus ?
Quelles sont les veines du sinus longitudinal supérieur ? Direction de ces veines ?
Quelle est la direction des veines et des circonvolutions ;

Quelle est la direction des veines choroïdiennes supérieures?
Quelle est la disposition de l'arachnoïde?
Qu'est-ce que l'espace sous-arachnoïdien?
Comment se comporte l'arachnoïde dans le canal rachidien?

M. SAPPEY.

PREMIER CANDIDAT.

Quels sont les muscles qui s'attachent à la partie antérieure du pubis; au bord supérieur du pubis; à la branche horizontale du pubis?

Quelle sont les insertions du muscle pectiné?

Quelle est la direction des branches terminales de la carotide interne?

Quel est le trajet de la branche cérébrale antérieure?

Que contourne-t-elle?

Quelle différence y a-t-il entre le bec et le genou du corps calleux?

Comment distinguez-vous les deux extrémites du corps calleux; à laquelle est le genou, à laquelle est le bec?

Quelle est la terminaison du genou du corps calleux?

Où se terminent les cérébrales antérieures?

Où se perd l'artère cérébrale moyenne?

Dites-moi quelles sont les parties où communique la caisse moyenne du tympan?

Qu'est-ce qui forme la paroi interne du cylindre?

Qu'est-ce que le promontoire?

Quelles sont les trois parties de l'oreille interne?

TROISIÈME CANDIDAT.

Qu'est-ce que l'articulation sacro-iliaque;
Quels sont les ligaments de cette articulation?
Où est le ligament vertical, quelle est sa direction?
Quels sont les ligaments postérieurs?
Quels sont les autres moyens d'union du sacrum?
Qu'est-ce qui passe par la grande échancrure sciatique?
Par où sort le nerf obturateur?
Où va-t-il se perdre?

A quelle partie de l'échancrure correspond l'artère fessière ?
Décrivez-moi le pilier postérieur du voile du palais ?
Quelles sont les attaches du pharyngo-staphilin ?
De combien de couches sont formées les parois du pharynx ?
Où se termine la moelle épinière ?

QUATRIÈME CANDIDAT.

Qu'est-ce que le bulbe ?
Qu'est-ce que les pyramides offrent de remarquable ?
Combien y a-t-il de cordons qui s'entrecroisent pour former les pyramides ?
Cordons latéraux ?
Quelles sont les insertions du muscle sacro-lombaire ?
Dans sa portion ascendante, y a-t-il deux parties différentes ?
Où s'attache-t-il ?
Par quel mécanisme remonte-t-il si haut ?
Comment sont disposés les faisceaux de renforcement ?
Décrivez-moi le grand complexus ; ses insertions ?
Rapports du tronc brachio-céphalique !
Qu'y a-t-il entre le tronc sterno-thyroïdien et le tronc brachio-céphalique ?
Qu'est-ce qui sépare ce tronc de la carotide primitive gauche ?
Sur quoi repose le tronc brachio céphalique en arrière ?
Origine du nerf moteur oculaire commun ?
D'où naît-il exactement ?
D'où viennent les nerfs de la 3e paire ? (De la partie interne des pédoncules cérébraux).

RÉSULTAT : 1er et 3e reçus.
2e et 4e refusés.

SEPTIÈME SÉRIE

MM.

Trélat,	Verneuil,		Farabeuf.
1er candidat.	*2e candidat.*	*3e candidat.*	*4e candidat.*

Préparations anatomiques.

1er candidat.	*Préparation* : Sciatique poplité interne. *Examinateur* : M. Verneuil.
2e candidat.	*Préparation* : Plexus lombaire. *Examinateur* : M. Verneuil.
3e candidat.	*Preparation* : Muscles et nerfs de l'épaule. *Examinateur* : M. Farabeuf.
4e candidat.	*Préparation* : Pharynx. *Examinateur* : M. Trélat.

Examen oral.

M. TRÉLAT.

PREMIER CANDIDAT.

Décrivez-moi la voûte du crâne ?
Comment est faite la suture temporo-pariétale ?
Que présente-t-elle de particulier ?
Qu'est-ce que la suture lambdoïde ; sa disposition ?
Qu'est-ce que les fontanelles ?

Combien y a-t-il de fontanelles ?
A quelle époque n'y a-t-il plus trace de fontanelles ?
Avec quoi coïncide la suture des fontanelles quand la paroi du crâne est toute ossifiée ?
Quelles sont les fontanelles qui persistent ?
Quels orifices trouve-t-on à la voûte du crâne ?
Y a-t-il des orifices particuliers à la partie postérieure ?
Quels sont les sinus de l'intérieur du crâne ?
Qu'est ce que le lobule de l'insula ?
A quelle partie appartient-il ?
Est-il visible ?
Ce lobule a-t-il de l'importance au point de vue physiologique ?
A-t-il des fonctions particulières ?

DEUXIÈME CANDIDAT.

Décrivez-moi l'articulation temporo-maxillaire ?
Décrivez-moi le ménisque ?
La capsule est-elle lâche ?
Qu'est-ce que les ligaments extrinsèques ; quels sont-ils ?
Rapports de la face interne de l'articulation ?
Qu'est-ce que la scissure de Glaser ?
A quoi correspond la scissure de Glaser.
Qu'est-ce que l'oreille moyenne ?
Quelles sont ses limites ?
Est-ce une cavité fermée ?
Où est située la trompe d'Eustache ?
Est-ce un organe cartilagineux ou osseux ?
Où s'ouvre la trompe ?
Qu'y a-t-il dans l'oreille moyenne ?
A quoi correspond la base de l'étrier ?
Quelle est la structure de la membrane du tympan ?
A quoi servent les lombricaux ?
Quelles sont leurs insertions ?
Combien y a-t-il d'ordres d'interosseux ?
Quelle est leur action ?
Qu'est-ce qui borne le canal inguinal ?
Comment s'appelle cette partie du ligament de Fallope qui limite ce canal ?
Qu'est-ce que le ligament de Gimbernat ?
Comment s'appelle-t-il encore ?
Quelles parties réunissent les fibres arciformes ?
Comment s'entre-croisent les fibres du pilier interne ?
La ligne blanche est-elle plus large à sa partie supérieure ?

La ligne blanche présente-t-elle des orifices ?
Qu'est-ce qui passe à travers ces orifices ?

TROISIÈME CANDIDAT.

Quels sont les muscles du périnée ?
Quels genres de fibres trouvez-vous dans le sphincter ?
Qu'y a-t-il en avant du sphincter de l'anus ?
Quels muscles y trouve-t-on ?
Quelles sont les artères du périnée ?
Quelles branches fournissent-elles ?
Quelle est la situation de l'artère transverse du périnée ?
A quel endroit se détache-t-elle du tronc de la honteuse ?
Qu'est-ce que le sphincter d'Obern ?
Quelles sont les glandes du gros intestin ?
Quels follicules y trouve-t-on ; y a-t-il des villosités ?
Quels enfoncements trouve-t-on à la face interne du gros intestin ?
De quelle nature sont ces dépressions ? Sont-ce des valvules ?
A quoi sont dus ces enfoncements !
Qu'est-ce que c'est que ces enfoncements ?

M. FARABEUF.

PREMIER CANDIDAT.

Quelle est la composition du sang ?
Y a-t-il plus de globules rouges que de blancs ?
Quelle est la forme des globules blancs ?
Les voit-on aussi vite que les rouges ?
Quelle est la forme des globules rouges ? Leur forme chez différents animaux ? Chez la grenouille ?
Le plasma est-il acide ou alcalin ?
Quel est le contenu du plasma ?
L'albumine se décompose-t-elle en différents corps ?
Comment produit-on la coagulation du sang ?
Si on fait chauffer du sang que se passe-t-il ?
Quels sont les sels du sang ?
Dans quelle partie du sang sont les sels de fer ?
Quelle est la structure des artères ?
Qu'est-ce que les vasa vasorum ?
Quelle est la consistance des trois tuniques ?
Quelles sont les causes de la circulation du sang dans les artères ?

Qu'est-ce que le débit des artères ? Est-il rendu plus considérable par l'élasticité des artères ? A l'aide de quel appareil le prouve-t-on ?

Quelles sont les causes de la circulation veineuse ?

Qu'est-ce que la vis à tergo ?

Y a-t-il beaucoup de causes adjuvantes à la circulation veineuse ?

Les valvules jouent-elles un grand rôle ?

Y a-t-il des valvules dans toutes les veines ; nommez-moi des veines sans valvules ?

Causes de l'aspiration thoracique ?

DEUXIÈME CANDIDAT.

Combien l'estomac a-t-il de tuniques ?

De quoi est formée la tunique musculeuse ?

Quel aspect présentent les muscles striés ?

Structure des tuniques de l'estomac ?

Qu'est-ce que la cravate de Suisse ?

Quelles sont les glandes de l'estomac ?

Qu'est-ce qui les remplit ?

De quoi se compose une glande ?

Parlez-moi de la digestion stomacale ?

Qu'est-ce que le Peptone ?

Comment se procure-t-on du suc gastrique ; par quel procédé ?

Qu'est-ce que les mouvements péristaltiques ?

Quelles sont les artères de l'estomac ?

QUATRIÈME CANDIDAT.

Structure du testicule ? Corps d'Higmor ?

Que deviennent les voies spermatiques en sortant du corps d'higmor.

Où se termine l'épididyme ?

Où se jette le canal éjaculateur ?

Que devient le sperme dans l'urèthre.

De combien de temps se compose l'éjaculation ?

Quel est l'agent du premier temps ?

Comment agissent les vésicules séminales et les muscles périuréthraux dans l'éjaculation ?

Composition du sperme ? Forme du spermatozoïde ?

Structure de l'ovaire ; son élément principal ?

Une vésicule de Graaf, prête à se rompre est-elle grosse ?

Que résulte-t-il de la rupture?
Que devient l'ovule arrivé dans la trompe?
Quelle disposition présente la muqueuse de la trompe?
Où se trouve le canal nourricier du fémur, son sens?
Qu'en résulte-t-il pour l'accroissement de l'os?
Ligaments de l'articulation du genou?

M. VERNEUIL.

TROISIÈME CANDIDAT.

Décrivez-moi le sac lacrymal?
Quelle est la direction des sacs lacrymaux?
Dessinez-moi la courbure d'un sac lacrymal?
Dans quoi s'ouvrent les conduits lacrymaux?
Quelle est la longueur verticale du sac lacrymal?
Quelle est la direction du canal nasal?
Quels sont les nerfs de la langue?
Quelle est la composition du facial à son origine?
Rôle du nerf glosso-pharyngien à la langue?

QUATRIÈME CANDIDAT.

Quels sont les muscles du voile du palais?
Quels sont les mouvements du voile du palais?
Qu'est-ce qui les détermine?
Quels sont les rapports de l'artère carotide primitive à droite.
Quels sont les rapports de l'artère avec la veine?

Résultat : Tous reçus.

HUITIÈME SÉRIE

MM.

Dolbeau,	Sappey,	Delens.
1er *candidat.*	2e *candidat.*	3e *candidat.*

Préparations anatomiques.

1er candidat.	*Préparation :* Région antéro-externe de la jambe.	*Examinateur :* M. Dolbeau.
2e candidat.	*Préparation :* Duodenum.	*Examinateur :* M. Sappey.
3e candidat.	*Préparation :* Articulation du genou.	*Examinateur :* M. Delens.
4e candidat.	*Préparation :* Muscles de la langue.	*Examinateur :* M. Delens.

Examen oral.

M. DOLBEAU.

DEUXIÈME CANDIDAT.

Parlez-moi du plexus brachial ?

Qu'est-ce qu'un plexus ?

Qu'elle forme a t-il ?

Parlez-moi des branches terminales du plexus brachial? Quelles sont-elles ?

Décrivez-moi le nerf circonflexe ?
Comment se termine-t-il ?
Quel autre nom prend-il ?
En combien de branches se termine-t-il ; quel est le nom de ces branches ?
Dans les luxations à l'épaule, quelle est la partie de la peau qui devient insensible ?
Où se perd le rameau cutané du nerf circonflexe ?
D'où vient le nerf du court abducteur du pouce ?
Où va le nerf médian dans la main ?

TROISIÈME CANDIDAT.

Décrivez-moi l'articulation de la hanche ?
Quel est le type de l'énarthrose ?
Quelle différence entre la circonvolution et la rotation ?
En quoi consiste la circonvolution du bras ?
Quels sont les moyens d'union de l'articulation coxo-fémorale ?
Où s'insère la capsule du femur ?

QUATRIÈME CANDIDAT.

Que savez-vous sur la région parotidienne ?
Quelles sont les limites de cette région ?
Où est le sommet de la pyramide formée par la région parotidienne ?
A quoi correspond ce sommet ?
Si on a une opération chirurgicale à faire dans cette région ; quelle est la chose importante qu'il ne faut pas couper ?
Où est situé l'artère carotide externe ?
Quels sont ses rapports avec la glande carotide ?
Traverse-t-elle la glande ?
En disséquant peut-on enlever la glande sans enlever l'artère ?
Qu'y a-t-il encore qu'il faut avoir soin de ne pas couper, en opérant dans cette région ?
Qu'est-ce que la veine jugulaire interne ?
Quelles sont les veines du pénis ?
Qu'est-ce qu'une gaîne lymphatique ?

M. DELENS.

PREMIER CANDIDAT.

Montrez-moi la facette articulaire du tibia avec le péroné ? Décrivez-moi cette articulation ?

Quels en sont les moyens d'union ?

Quels tendons aboutissent dans le voisinage de l'articulation ?

Qu'est-ce que le ligament latéral externe de l'articulation du genou ?

Qu'est-ce que le ligament oblique ?

Qu'y a-t-il au-dessus et au-dessous ?

Insertions du muscle poplité ?

Montrez-moi sur le fémur sa gouttière d'insertion ?

Quels sont les rapports de l'artère et de la veine fémorale ?

Quel point du fascia superficialis traverse la veine saphène ?

En quoi consiste la mastication; quels sont ses agents ?

Quels sont les rapports des deux mâchoires ?

Quels sont les mouvements des deux mâchoires.

Quels sont les muscles directement élévateurs ?

Quels sont ceux qui sont abaisseurs ?

Quels sont ceux qui donnent des mouvements de latéralité ?

Insertions du ptérygoïdien interne ? du pérystaphilin interne ? du masséter ?

Autour de quel axe se font les mouvements dans la mastication ?

DEUXIÈME CANDIDAT.

Insertions du vaste externe ?

Insertions du grand adducteur ?

Qu'est-ce qui s'insère sur la ligne qui s'étend du grand au petit trochanter ?

Insertions du grand fessier ?

Insertions du petit fessier ?

Quels sont les limites de l'artère poplitée ?

Qu'est-ce que le tronc tibio péronier ?

Comment se divise-t-il ?

Qu'est-ce que la tibiale antérieure ?

Quelle est sa situation ? quelle est son trajet ?

Quelle branche fournit-elle à sa partie supérieure ?

Combien la poplitée fournit-elle de branches articulaires ?

En dehors des artères, des veines et des nerfs, que trouve-t-on dans le creux axillaire ?

Que trouve-t-on d'annexé aux tendons dans l'articulation du genou ?

Quelle est la situation et quels sont les rapports des vésicules séminales ?

Qu'est-ce que le canal déférent ? Où se plonge-t-il ?

Qu'est-ce qui l'entoure ?

Qu'est-ce qui entoure les vésicules séminales ?

Quelle aponévrose rencontre-t-on ?

Quel plexus rencontre-t-on ?

Quel canal succède aux vésicules séminales ?

Qu'est-ce que le canal éjaculateur ?

Quelle est la situation de la prostate ?

M. SAPPEY.

PREMIER CANDIDAT.

Quel est le plus grand diamètre transversal du corps : (R. La ligne Bi-Humérale chez l'homme, et, d'après certains auteurs, la ligne Bi-Trochantérienne chez la femme — Ligne Bi-Humérale chez l'homme et chez la femme, d'après M. Sappey.)

Où placez-vous la partie centrale du corps ?

Combien y a-t-il de muscles supinateurs ?

Où est placé le long supinateur ; montrez-le-moi sur vous ?

Où est placé le court supinateur ; montrez ?

Donnez-moi les insertions du long supinateur et du court supinateur ?

Y a-t-il d'autres muscles qui conduisent au mouvement de supination ? (Le biceps).

Quel rôle remplit le biceps à ce point de vue ?

Dans quelle position faut-il que le bras soit placé pour que le biceps soit supinateur ? (R. Il faut que la main soit en pronation.)

TROISIÈME CANDIDAT.

Quel est le poids moyen du corps ?

Indiquez-moi les différentes couches que l'on trouve dans la région temporale ?

Quels muscles superficiels y trouvez-vous ?

Au-dessous de ces muscles, que trouvez-vous ?

Décrivez-moi cette aponévrose ?

Qu'y a-t-il dans son dédoublement ?

Décrivez-moi le muscle temporal ; ses insertions ?

Quelle est la direction de ses fibres ?

Quel nerf anime ce muscle ?

Quel nerf anime le muscle trapèze ?

Quel nerf anime le muscle sterno-cleido mastoïdien ?

Le spinal se perd-il tout entier dans ces deux muscles ?

QUATRIÈME CANDIDAT.

Quelles sont les glandes situées au-dessous de la muqueuse buccale ?

Quelles glandes se trouvent en dehors du muscle buccinateur ?

Quels sont les rapports de la prostate ?

Qu'est-ce que le plexus de Santorini ?

Donnez-moi les rapports de la prostate par toutes ses faces ?

Que remarque-t-on à la base de la prostate ?

Quelle partie de la prostate est au-dessus des canaux éjaculateurs ?

Quels sont les rapports du sommet de la prostate avec le bulbe de l'urèthre ?

Quelle est l'origine du nerf sciatique ?

Quel est son trajet ?

Quels sont les rapports de ce nerf pendant son trajet ?

Comment se divise-t-il inférieurement ?

Où va la branche interne ?

Où va la branche externe ?

A quelle partie du péronier correspond la branche externe ?

RÉSULTAT : 1er et 2e reçus.
— 3e et 4e refusés.

NEUVIÈME SÉRIE

MM.

SAPPEY, GOSSELIN, BLUM.
1er candidat. 2e candidat.

Préparations anatomiques.

1er candidat. { *Préparation* : Muscles du larynx.
Examinateur : M. SAPPEY.

2e candidat. { *Préparation* : Nerf cubital.
Examinateur : M. BLUM.

Les questions orales de cette série n'ont pu être recueillies, attendu que l'examen de la série qui suit avait lieu en même temps.

DIXIÈME SÉRIE

MM.

Dolbeau,	Richet,		Anger.
1er candidat.	2e candidat.	3e candidat.	4e candidat.

Préparations anatomiques.

1er candidat.	*Préparation* : Région postérieure de la jambe.	*Examinateur* : M. Richet.
2e candidat.	*Préparation* : Région postérieure du bras.	*Examinateur* : M. Richet,
3e candidat.	*Préparation* : Nerf radial.	*Examinateur* : M. Anger.
4e candidat.	*Préparation* : Muscles de l'œil.	*Examinateur* : M. Dolbeau.

Examen oral.

M. DOLBEAU.

PREMIER CANDIDAT.

Comment divise-t-on les articulations ?
Décrivez-moi la mâchoire inférieure ?
Quelle différence y a-t-il entre la mâchoire d'un adulte et celle d'un enfant qui vient au monde ?
Quels sont les muscles qui meuvent la mâchoire ?

Quels sont les muscles élévateurs ? abaisseurs, et les muscles qui donnent des mouvements de latéralité ?

Quels sont les nerfs qui se rendent à la mâchoire inférieure ?

A quels muscles se distribue le nerf masticateur ?

Qu'est-ce que le bulbe rachidien ?

Où commence-t-il ? Où finit-il ?

DEUXIÈME CANDIDAT.

Où commence le bulbe ? Où finit-il ?

Où naît le nerf radial ?

Par où passe-t-il ; quel est son trajet ?

A quels muscles donne-t-il des rameaux ?

Où passe la corde du tympan ?

Où se rend-elle ?

A quel muscle va-t-elle ?

Quel nerf anime le trapèze ?

Quel nerf anime le sterno-mastoïdien ?

Le trapèze reçoit-il d'autres nerfs ?

Décrivez moi le nerf circonflexe ?

Où prend-il naissance ?

Comment se termine-t-il ? (En deux branches, une branche du petit rond ; un rameau cutané de l'épaule).

D'où vient le nerf du muscle grand fessier ?

D'où vient le nerf lombo-sacré ?

Quelle est la terminaison du plexus sacré ?

Quelles sont les branches terminales du plexus-lombaire ?

TROISIÈME CANDIDAT.

Décrivez-moi l'aponévrose de Carcassonne ?

Quelle forme a-t-elle ?

Est-elle épaisse ?

N'y a-t-il que des fibres musculaires ?

Qu'est-ce que les glandes de Méry ?

Où se jettent-elles dans l'urèthre ?

Quelles sont les glandes qui s'ouvrent sur les côtés du verumuntanum ?

Où s'ouvrent les canaux éjaculateurs ?

Quelles sont les dimensions de l'urèthre ?

Qu'est-ce qui peut la faire varier ? (La portion prostatique).

Quel sujet choisiriez-vous si vous vouliez disséquer un canal de l'urèthre qui serait très-long ? (Un vieillard).

Quel est le calibre de l'urèthre ?
Le canal est-il dilatable ?
Quelles sont les portions du canal qui ne se dilatent pas ?
Qu'est-ce que les lacunes de Morgagni ?
En existe-il une très-grande ?
Comment l'appele-t-on ? (Salimende de l'homme).

M. ANGER.

QUATRIÈME CANDIDAT.

Quels sont les muscles des gouttières vertébrales ; quelles sont leurs insertions ?

Qu'est-ce que le rhomboïde ? Ses insertions ?

Est-il susceptible d'être partagé en plusieurs faisceaux ?

Décrivez-moi l'articulation de la clavicule avec l'omoplate ?

Quels sont les ligaments d'union ?

Quelle est la forme, quelles sont les propriétés du tissu cellulaire au-dessous du deltoïde ?

Rapports du grand pectoral en avant du sternum ?

Où vont ses fibres supérieures ?

A quelle partie de l'humérus donne-t-il des fibres ?

Quelles fibres se rendent à la partie du tendon du grand pectoral ?

D'où viennent les artères en rapport avec le grand pectoral ?

D'où viennent les nerfs en rapport avec le grand pectoral ?

PREMIER CANDIDAT.

Parlez-moi du nerf radial ?

Quel est son volume ?

Quelle est sa direction ?

Quels sont ses rapports ?

Quels sont les muscles qui s'attachent au bord externe de l'humérus ?

Quelle est la distribution du cubital ?

Comment se termine-t-il ?

Quel est le résultat de la paralysie du nerf radial ?

Quels sont les muscles de la région antérieure de la jambe ? Leurs insertions ?

Nommez-moi les muscles de la région postérieure ? Leurs rapports ?

Quelles sont les insertions du plantaire grêle ?

Quelles sont les insertions inférieures des péroniers latéraux ?

Quels sont les artères de la jambe ?

Quelles sont les plus volumineuses ?

Quelles sont les insertions du grand pectoral ?

Quelle est la direction de la tibiale antérieure ?

Quels sont ses rapports ?

Comment se nomme l'artère qui la continue ?

Comment se termine l'artère radiale ?

Quelle artère fournit-elle avant de dépasser la partie postérieure de l'avant-bras ?

DEUXIÈME CANDIDAT.

Qu'est-ce que le diaphragme ?

Quelles sont ses insertions ?

Combien d'orifices traverse le diaphragme ?

Qu'est-ce qui passe par ces orifices ?

Quelle est son action ?

Quels sont les effets de la contraction du diaphragme ?

Comment se comporte-t-il par rapport aux côtes inférieures ? (Il les élève).

Où faut-il que son point fixe existe pour élever les côtes ?

Insertions du muscle sterno-mastoïdien ?

Quels sont ses rapports avec la carotide primitive ; à quelle partie du muscle correspond la carotide primitive ?

Qu'appelle t-on aponévrose d'insertion faciale du sterno-mastoïdien ?

Quel nerf l'anime ?

Où va le nerf spinal après l'avoir perforé ?

Quels sont les rapports de la parotide ? Ses rapports profonds ? Ses rapports vasculo-nerveux ?

Renferme-t-elle des ganglions lymphatiques dans son épaisseur ?

Qu'est-ce que la trompe d'Eustache ?

Où commence-t-elle, où finit-elle ?

Quelle est sa structure ?

Quels sont les muscles qui s'insèrent à sa partie cartilagineuse ?

M. RICHET.

TROISIÈME CANDIDAT.

Décrivez-moi la déglutition ?

Le voile du palais s'abaisse-t-il dans la déglutition ? (Oui).

Décrivez-moi l'orifice laryngien ?

Comment est l'épiglotte à l'état normal ? (Semper erecta).

De chaque côté de l'épiglotte qu'y a-t-il ?

Où sont les replis aryténo-épiglottiques ?

Comment se comble l'orifice laryngien ?

Quel muscle supporte le larynx en avant ? (M. génio-hyoïdien).

Le bol alimentaire tombe-t-il par son poids dans l'œsophage ?

Quelle est la position normale de l'utérus ?

D'abord a-t-il une position normale ? (R. Non, attendu qu'il doit subir l'influence des réplétions voisines).

A-t-il une position qu'on puisse considérer comme normale ?

Quelle est la position que garde de préférence l'utérus ?

QUATRIÈME CANDIDAT.

Quelle est la position normale de l'utérus ou qu'on peut considérer comme telle ? Quelle est sa direction normale ? (R. Antécourbé).

Quelles sont les dimensions d'un utérus normal ?

Combien a-t-il de centimètres de longueur ?

Que faut-il pour que l'occlusion du larynx soit complète dans la déglutition ?

Ne se passe-t-il point autre chose que l'occlusion du larynx par l'épiglotte ? (R. Il se produit un claquement dans les oreilles, causé par l'irruption de l'air qui passe de l'oreille moyenne dans le pharynx, quand le vide se fait dans le pharynx).

Qu'est-ce que la glotte ?

Où se produit la voix ?

Y a-t-il deux sortes de glottes ?

Quelle est la forme de la glotte vocale et de la glotte respiratoire réunies ?

Quelle est la position de l'une par rapport à l'autre ?

Qu'y a-t-il entre les cordes vocales supérieures et inférieures ?

Décrivez-moi ce ventricule ?

A quoi l'a-t-on comparé ? (A un bonnet phrygien).

Résultat : 2e et 3e — reçus ;
1er et 4e — refusés.

ONZIÈME SÉRIE

MM.

Trélat,	Vulpian,	Farabeuf.	
1er *candidat.*	2e *candidat.*	3e *candidat.*	4e *candidat.*

Préparations anatomiques.

1er candidat.	*Préparation :*	Région inguino-crurale.
	Examinateur :	M. Vulpian.
2e candidat.	*Préparation :*	Articulations péronéo-tibiales, supérieure et inférieure.
	Examinateur :	M. Vulpian.
3e candidat.	*Préparation :*	Région sus-hyoïdienne.
	Examinateur :	M. Trélat.
4e candidat.	*Préparation :*	Artère radiale.
	Examinateur :	M. Farabeuf.

M. TRÉLAT.

PREMIER CANDIDAT.

Parlez-moi de la cavité buccale ?

Quelles sont ses limites ? (Voile du palais, piliers, luette, isthme).

Qu'est-ce que l'isthme du gosier ?

Est-ce une ouverture souple, élastique, est-elle contractile ?

Pourquoi est-elle contractile ?

Dans quel pilier est le pl aryngo-staphilin ?

Qu'est-ce que la déglutition ?

Quels sont les temps qui la précèdent ?

A l'aide de quels agents se fait la déglutition ?

Quel animal se sert de la pointe de sa langue pour la préhension des liquides ? (Chien).

Quels sont les agents musculaires à l'aide desquels s'accomplit la déglutition ?

Combien y a-t-il de temps à la déglutition ?

Quels sont les agents qui opèrent ces trois temps ?

Qu'y a-t-il dans les piliers antérieurs ?

Qu'est-ce qui forme le pilier postérieur du pharynx ?

Quel orifice ferme le pharyngo-staphylin ?

Par quoi est fermée la bouche ?

Quels sont les muscles du voile du palais ?

Quels sont les muscles moteurs du voile du palais ?

DEUXIÈME CANDIDAT.

Quelles sont les insertions des muscles du voile du palais ?

Donnez-moi les insertions du péristaphylin interne ?

Qu'est-ce que le palato-staphylin ?

Quelle est sa longueur, sa largeur ?

Où est-il placé ?

Qu'est-ce que la luette ? Quels en sont les tissus, ou plutôt quels sont les organes ?

Quels sont les muscles de la luette ?

Y a-t-il des glandes dans la luette ?

Y a-t-il une muqueuse ? Est-elle vasculaire ?

D'où viennent les artères qu'on y rencontre, quelles sont-elles ?

Décrivez-moi les muscles moteurs du cartilage aryténoïde ?

Où est situé le thyro-aryténoïdien postérieur ?

Quelles sont ses insertions ?

A quel endroit des deux cartilages s'insère-t-il ?

Quelle est sa hauteur ?

Quelle est sa largeur ?

Avec quoi se croise-t-il ?

Quelle est son action ? (Constricteur de la glotte postérieure) ?

Quel est le nom anatomique de cette glotte ; quel est son nom physiologique ?

Quels sont les autres muscles du larynx, leurs fonctions ?

Quel est le muscle essentiellement vocal ?

Quelles sont les articulations du larynx ?

Quelles sont les facettes du cartilage aryténoïde ?

Qu'est-ce que la membrane hyo-thyroïdienne ?

QUATRIÈME CANDIDAT.

Qu'est-ce que l'os hyoïde, sa situation, sa forme ?
Qu'est-ce qui s'insère aux cornes de l'os hyoïde ?
Qu'est-ce qui s'insère au corps de l'os hyoïde ?
Quelle est la direction des fibres du muscle mylo-hyoïdien
Quels sont ses rapports ?
Avec quelles glandes est-il en rapport ?
Qu'est-ce que le canal de Sténon ?
Qu'est-ce que le canal de Wharton ?
Quels sont les rapports du nerf grand hypoglosse avec l muscl mylo-hyoïdien ?
Qu'est-ce que le foramen cœcum ?
Peut-on le voir sur le vivant ? (Oui).
Quels sont les nerfs de la langue ?
Quelles sont les fonctions du glosso-pharyngien ?

M. FARABEUF.

TROISIÈME CANDIDAT.

Quelle est cette vertèbre ? (2° cervicale).
A quels ligaments donne t-elle attache ?
Qu'est ce que l'œsophage ? Ses rapports ?
Quel est le nerf satellitte de l'œsophage ?
Est-il à droite ou à gauche ?
La crosse de l'aorte est-elle rapprochée de la colonne vertébrale ?
L'œsophage passe-t-il en avant ou en arrière de l'aorte thoracique ?
Que deviennent les nerfs pneumo gastriques ?
Quelle est la structure de l'œsophage ?
Quelles sont les différentes épaisseurs de ses tuniques ?
Quels sont les éléments de la tunique musculeuse ?
Quel est le caractère de contraction des fibres lisses ?
La muqueuse de l'œsophage est-elle solide ?
S'enlève-t-elle facilement ?
Si on la gratte est-elle résistante ?
A-t-elle des saillies ?
L'épithélium est-il à cils vibratiles ?

Y a-t-il plusieurs couches d'éléments dans l'épithélium de l'œsophage ?

Quel genre d'épithélium trouve-t-on dans la bouche ?

PREMIER CANDIDAT.

Montrez-moi la fente sphénoïdale ?

Montrez-moi le trou optique ?

Montrez-moi la gouttière lacrymale ?

Montrez-moi le canal nasal ?

Montrez-moi la fente sphéno-maxillaire ?

Montrez-moi le trou sous-orbitaire ?

Où se trouve le tendon du muscle orbiculaire ?

Que sort il par le trou sous-orbitaire ?

Combien de muscles meuvent le globe oculaire ?

Quelle est l'action de ces muscles ?

Pourquoi l'œil ne peut-il pas se porter en dedans ?

Qu'est-ce que le méridien de l'œil ?

Quels sont les nerfs qui animent les muscles de l'œil ?

Quelle est l'origine du nerf pathétique ?

Quelle est l'origine du nerf moteur oculaire externe ? Et celle du nerf moteur oculaire commun ?

Quel nom donnez-vous à l'intervalle compris entre les pédoncules cérébraux ?

Rapports de l'artère carotide primitive ?

D'où part-elle, où finit-elle ?

Ses rapports avec la colonne vertébrale ?

Qu'est-ce que les apophyses transverses ?

Par quoi se révèlent-elles ?

Où est l'artère vertébrale ?

A quel niveau se bifurque l'artère carotide primitive ?

Que résulte-t-il de cette bifurcation ?

Quelles sont les branches de la carotide externe ?

Quel nerf croise les deux carotides secondaires ? (Grand hypoglosse).

Décrivez-moi le péroné ? Mettez-le en position ?

Quelles sont les insertions des muscles péroniers en haut et en bas ?

Quel nerf, quelle artère trouve-t-on dans le voisinage de l'insertion supérieure ?

Le péroné est-il oblique ou est-il tordu sur lui-même ?

Le tendon du long péronier présente-t-il quelque chose de particulier ?

Quelle est l'action des muscles péroniers ?

Quel est le trajet de l'artère poplitée ?

A quel niveau est situé l'anneau du 3e adducteur ?]

Avant de traverser cet anneau, quelle branche donne l'artère fémorale ?

Quels sont les rapports de la veine poplitée avec l'artère poplitée

Laquelle est la plus volumineuse, de l'artère ou de la veine ?

Où est située la veine saphène externe ?

A quel niveau du genou finit-elle ?

Où et comment s'anastomose-t-elle ?

M. VULPIAN.

QUATRIÈME CANDIDAT.

Parlez-moi de l'absorption par les membranes muqueuses ?

L'absorption se fait-elle avec la même rapidité par toutes les muqueuses ?

La muqueuse de l'estomac absorbe-t-elle beaucoup ?

Quelle est l'expérience dans laquelle on a vu que la muqueuse de l'estomac absorbe peu ?

Qu'arrive-t-il chez un animal quand on a coupé le nerf pneumogastrique ?

L'absorption qui se fait par la muqueuse de la vessie est-elle considérable ?

Cette muqueuse absorbe-t-elle ?

DEUXIÈME CANDIDAT.

Dans le rectum l'absorption est-elle rapide ou lente ?

Est-ce une voie d'absorption dont on puisse faire usage pour l'absorption des médicaments ?

Y a-t-il encore une autre voie d'absorption pour les médicaments ?

Qu'est-ce que les injections hypodermiques ?

Quelles sont les influences qui peuvent agir sur la rapidité plus ou moins grande de l'absorption ?

La circulation a-t-elle une influence ?

La vascularité du tissu des vaisseaux a-t-elle une influence sur l'absorption ?

Quel est le tissu le plus vasculaire de l'économie ?

Peut-on faire absorber des médicaments par les voies respiratoires ? (Oui).

A-t-on pu introduire des liquides dans la trachée au moyen d'une perforation ?

Comment fait-on ?

Dans quelle condition doit être le sang pour qu'il s'oppose à l'absorption ?

Dans quelle maladie très-grave le sang est-il dans une condition telle qu'il s'oppose et empêche même l'absorption ? (Choléra).

Pourquoi l'absorption dans cette maladie, n'a-t-elle pas lieu, ou est-elle ralentie ? (A cause de l'épaississement du sang).

Résultat : Tous reçus.

DOUZIÈME SÉRIE

MM.

Duval,	Vulpian,		Blum.
1er candidat.	*2e candidat.*	*3e candidat.*	*4e candidat.*

Préparations anatomiques.

1er candidat.	*Préparation :* Région antérieure de l'avant-bras. *Examinateur :* M. Vulpian.
2e candidat.	*Préparation :* Artère humérale. *Examinateur :* M. Vulpian.
3e candidat.	*Préparation :* Nerf de la main et des doigts. *Examinateur :* M. Duval.
4e candidat.	*Préparation :* Articulation temporo-maxillaire. *Examinateur :* M. Blum.

Le deuxième candidat ne s'est pas présenté à l'oral.

Les questions orales de cette série n'ont pu être recueillies attendu que la série qui suit avait lieu en même temps.

Résultat : 1er, 3e et 4e reçus.

TREIZIÈME SÉRIE

MM.

SAPPEY, RICHET, ANGER.

1er *candidat.* 2e *candidat.*

Préparations anatomiques.

1er candidat.	*Préparation :* Articulation de l'épaule. *Examinateur :* M. RICHET.	
2e candidat.	*Préparation :* Muscles de la main. *Examinateur :* M. SAPPEY.	
3e candidat.	*Préparation :* Région parotidienne. *Examinateur :* M. ***.	Ne se présentent pas.
4e candidat.	*Préparation :* Nerf médian. *Examinateur :* M. ***.	

Examen oral.

M. SAPPEY.

PREMIER CANDIDAT.

Comparez les apophyses transverses dans les trois régions ?

Comment sont configurées les faces inférieures et supérieures des apophyses transverses dans les trois régions ?

Qu'y a-t-il de particulier dans le corps des vertèbres ?

Décrivez-moi le muscle grand dorsal ?

A combien de vertèbres s'attache-t-il ?

Par quelle aponévrose s'attache-t il quelque part ?

Pourquoi s'attache-t-il aux côtes ?

Comment ses fibres se réunissent-elles ?

A-t-il des fibres verticales ?

Comment se comporte le grand dorsal en partant de l'angle inférieur de l'omoplate ?

Combien y a-t-il de sortes de muscles intercostaux ?

Combien d'intercostaux externes ?

Combien d'intercostaux internes ?

Insertions des intercostaux externes ?

De ces deux sortes de muscles, lesquels présentent les fibres les plus longues ?

Qu'y a-t-il entre les muscles intercostaux ?

Où sont situées les artères entre les muscles intercostaux ; — où sont situées les veines ; — où sont situés les nerfs ?

Quelle différence présentent les cornes de la moelle épinière dans les trois régions ?

Dans quelle partie de la moelle la substance grise présente-t-elle le plus grand développement ?

Y a-t-il une grande différence entre la colonne grise de la région lombaire et la colonne grise de la région dorsale ?

Qu'est-ce qui constitue essentiellement la substance corticale du rein ?

Qu'est-ce qui constitue la substance médullaire ?

Comment sont dirigés les tubes dans ces deux substances ? (très-contournés).

Sont-ils plus larges dans la substance corticale (beaucoup plus larges).

Qu'est-ce que les glomérules du rein ?

Comment le tube se comporte-t-il à l'égard du glomérule ? (Il embrasse le glomérule, et cependant en est indépendant).

M. ANGER.

DEUXIÈME CANDIDAT.

Qu'appelle-t-on nerf grand sympathique ?

Décrivez-moi le grand sympathique ?

Combien y a-t il de systèmes nerveux ?

Que désigne le mot système dans le système du grand sympathique ?

Quelles sont les attributions du système cérébro-spinal ? Celles du grand sympathique ?

Quelle est la disposition des filets ascendants du ganglion cervical postérieur ?

Quelles sont les fonctions des ganglions du grand sympathique ?

Quel est le nom des filets nerveux qui suivent le trajet des artères ?

Suivez le grand sympathique à la partie inférieure du cou ?

Quelle est la disposition du grand sympathique dans la région de la poitrine ?

Qu'est-ce que le nerf grand splanchnique ?

Où se trouve le splanchnique droit, où se trouve le splanchnique gauche ?

Quels sont les rapports du rein droit ?

Qu'est-ce que la capsule surrénale ? sa forme ?

Région périnéale antérieure, ses limites ?

Quelles sont les couches qui composent cette région ?

Quelles sont les insertions des aponévroses périnéales superficielles ?

Quels muscles recouvrent-elles ?

PREMIER CANDIDAT.

Quelles sont les artères de la région périnéale antérieure ?

Décrivez-moi l'artère honteuse interne ?

Ses rapports ? Sa branche la plus importante ?

A quoi sert la bulbeuse ? Sa disposition ?

Est-elle constante ?

Qu'appelle-t on système des vaisseaux lymphatiques ?

Comment est fait un vaisseau lymphatique ?

Sont-ils durs, colorés transparents ?

Quel est leur volume ?

Quels sont les régions les plus riches en réseaux lymphatiques ?

Quels sont les régions les plus riches en ganglions lymphatiques ?

Où sont placés les ganglions dans la région du coude ?

Comment nomme-t-on les ganglions du coude ?

Y en a-t-il au cou, où sont-ils placés ?

Où se rendent les lymphatiques qui viennent de la région de l'anus ?

Quelle est la disposition et la forme des ganglions lymphatiques de l'aine ?

Quels vaisseaux lymphatiques se rendent dans les ganglions au sommet du triangle de Scarpa ?

Où se rendent les vaisseaux des ganglions des testicules ?

Disposition des ganglions abdominaux ?

Comment se terminent les lymphatiques du membre supérieur droit ?

Limite de la région poplitée ? Veine saphène externe ?

Artères de la région poplitée ?

Branches de l'artère poplitée ?

M. RICHET

DEUXIÈME CANDIDAT

Décrivez-moi l'artère sous-clavière ?

Quels sont ses rapports ?

Quelle branche fournit-elle ?

Classez ses branches ?

Décrivez moi la verticale ? ses branches ?

A quoi sert la trompe d'Eustache ?

Dans quel but est-elle établie ?

Qu'est-ce qui empêche la communication de la trompe avec le tympan ?

A quoi sert la communication entre le larynx et la caisse ?

Est-il nécessaire qu'il y ait un équilibre de pression ?

Si la trompe est ouverte que se passe-t-il ?

Si elle était bouchée qu'arriverait-il ?

Quand la trompe est fermée le sens de l'audition en souffre-t-il ?

Comment les vibrations se communiquent-elles du conduit auditif externe au labyrinthe ?

La caisse du tympan ne sert-elle qu'aux vibrations ?

Ceux qui n'ont plus de caisse du tympan entendent-ils ; que se passe-t-il de particulier ?

Qu'est-ce qui fait que lorsque la membrane du tympan a été rompue, il y a d'abord hyperesthésie, et ensuite perte de l'audition ?

Résultat : Tous deux reçus.

QUATORZIÈME SÉRIE

MM.

Trélat,	Vulpian,		Farabeuf.
1er candidat.	*2e candidat.*	*3e candidat.*	*4e candidat.*

Préparations anatomiques.

1er candidat.	*Préparation :* Articulation coxo-fémorale. *Examinateur :* M. Vulpian.
2e candidat.	*Préparation :* Muscles de l'œil. *Examinateur :* M. Vulpian.
3e candidat.	*Préparation :* Creux poplité. *Examinateur :* M. Farabeuf.
4e candidat.	*Préparation :* Articulation cubitale. *Examinateur :* M. Trélat.

Examen oral.

M. TRÉLAT.

PREMIER CANDIDAT.

Où s'insère le grand adducteur sur le fémur ?

Quelle est la disposition du tendon du grand adducteur ?

Quelle est la disposition des fibres de ce muscle ?

Comment appelle-t-on encore l'anneau du 3e adducteur ?

En général, dans les muscles, comment les fibres musculaires se continuent-elles avec les fibres tendineuses ?

Qu'est-ce que l'insertion penniforme et l'insertion demi-penniforme ?

Quelle autre forme d'insertion y a-t-il encore ?

Quel nom donne-t-on à l'espace situé à la partie postérieure du genou ?

Pourquoi ce creux est-il appelé poplité »

Pourquoi dit-on creux ?

Quelles sont les limites du creux poplité ?

Pourquoi existe-t-il une dépression ?

Quels caractères présente la peau de la région du creux poplité ?

Y a-t-il beaucoup de graisse dans cette région ?

Qu'y a-t-il au-dessous du fascia superficialis ?

Quels organes sont situés au-dessous de l'aponévrose ?

Quelle est leur disposition ?

Quels vaisseaux rencontre-t-on ?

Au-dessous des vaisseaux, sur quels muscles tombe t-on ?

Qu'y a t-il en avant du muscle poplité ?

Qu'y a-t-il dans l'échancrure ?

Qu'est-ce que la valvule iléo-cœcale ?

De qui porte-elle le nom ? (Gaspard Bauhin) ?

Comment appelle-t-on encore cette valvule ? (Des Apothicaires) ?

Que veut dire apothicaire ?

Cette valvule présente-t-elle des villosités ?

Qu'est-ce que l'appendice iléo-cœcal ?

Y a-t-il des valvules à l'intérieur ?

Par quoi est-il relié à l'intestin ?

DEUXIÈME CANDIDAT.

Décrivez-moi le péritoine, depuis l'ombilic ?

Qu'est-ce que l'arrière-cavité des épiploons ?

Décrivez-moi le trajet du péritoine sur la ligne médiane ?

Qu'est-ce que le mésentère ?

Qu'est-ce que le colon transverse ?

Prenez cette vertèbre et dites-moi à quelle région elle appartient ? (Lombaire).

Pourquoi est-elle une vertèbre lombaire et non pas dorsale ?

Laquelle des lombaires ? (La 2e).

TROISIÈME CANDIDAT.

Quelles sont les insertions du biceps brachial ?

Quelles sont les fonctions de ce muscle ?

Quelles sont ses fonctions par rapport à l'épaule ?
Quel muscle recouvre-t-il ?
Insertions du brachial antérieur ?
Insertions du coraco-brachial ?
Quels sont les nerfs du bras ?
Qu'est-ce que le nerf radial ; ses rapports ?
Comment se distribue-t-il à l'avant bras ?
Quelle est la disposition des fibres musculaires de la vessie ? (Réticulées).
Quel nom donnez-vous à l'espace compris entre l'orifice des deux uretères et l'orifice de l'urèthre ? (Prostate).
Quelle est la disposition de la prostate ?
La prostate existe-t-elle chez la femme ?
Quelle est la nature de cet organe ?
Combien y trouvez-vous de conduits de sécrétion ?
Qu'est-ce que les conduits éjaculateurs ?
Quelle est leur longueur ?
Qu'est-ce qu'une vésicule séminale ?
Qu'est-ce que le canal déférent ?
Quelles artères trouve-t on dans le cordon spermatique ?
Qu'est-ce que l'artère ombilicale ?
Cette artère cesse-t-elle rapidement d'être perméable après la naissance ?

M. FARABEUF.

QUATRIÈME CANDIDAT.

Montrez-moi l'insertion du sous-scapulaire ?
— du sous épineux ?
— du petit rond ?
— du grand rond ?
— longue portion du biceps ?
— courte portion du biceps ?
— du petit pectoral ?
Montrez-moi l'acromion ?
Quelles sont les insertions de l'omoplato hyoïdien ?
Est-il gros ?
Insertions de l'angulaire de l'omoplate ?
Insertions du rhomboïde ?
Insertions du grand dentelé ?
Action du grand dentelé ?

Quand le grand dentelé est paralysé, qu'arrive-t-il ?
Quels sont les muscles élévateurs du bras ?
Quels sont les ligaments de l'articulation de l'épaule ?
Qu'est-ce que la capsule de l'articulation ?
Sa forme ? Est-elle lâche ? Pourquoi ?
A quel endroit présente-t-elle le plus de force ?
Quel ligament spécial renforce cette capsule ?
Qu'est-ce que le ligament de Bertin ?
Combien de gros nerfs naissent du plexus brachial ?
Dans quels muscles se distribuent ces nerfs ?
Quel est le trajet du nerf radial ?

PREMIER CANDIDAT.

Qu'est-ce que le nerf facial ?
Par où sort-il du crâne ?
Par où entre-t-il dans le rocher ?
Avec quel autre nerf y entre-t-il ?
Quel est le trajet du nerf facial ?
Qu'est-ce que le ganglion géniculé ?
Quel est son rapport relativement à l'oreille ?
Quelles sont les branches du facial dans sa partie descendante ?
Peut-on disséquer le nerf facial dans la région de la parotide ?
Quel est le principal ligament de l'articulation qui se trouve entre l'astragale et le calcanéum ?
Quels sont les ligaments principaux de l'articulation tibio-tarsienne ?
Quels sont les mouvements de cette articulation ?

DEUXIÈME CANDIDAT.

Où est placé le cristallin ?
Qu'est-ce que le cristallin : comment est-il suspendu derrière l'iris ?
La convexité est-elle égale sur les deux faces du cristallin ?
Le cristallin est-il dans une capsule ; cette capsule est-elle élastique ?
Quelle est la couleur du fond de l'œil ?
Quelle est la couleur si on examine l'œil avec une lumière ?
Quelle est la couleur chez l'albinos, par exemple ?
Y a-t-il du pigment ? Où se trouve-t-il ?
Y en a-t-il dans la choroïde ?

Qu'appelle-t-on le moment d'un muscle ?
Mettez votre biceps dans son moment ?
Qu'est-ce que la pronation ?
A quoi sert le muscle long supinateur ?
Où s'insère-t-il ?
Quel est le nerf qui l'anime ?
Avec quelle artère est-il en rapport à l'avant-bras ?
Montrez-moi où passe son tendon sur votre poignet ?
Montrez-moi où passe votre radiale sur votre avant-bras ?

M. VULPIAN.

TROISIÈME CANDIDAT.

Parlez-moi de la bile ?
Qu'est-ce qui caractérise la bile comme composant ?
Sont-ce des acides d'une composition spéciale ?
Quelle est la matière colorante de la bile ?
Qu'est-ce qui lui donne sa consistance ?
Où se secrète son mucus ?
Où se forme-t-elle ?
Quelles sont les deux opinions différentes ?
Quelles sont les voies d'excrétion de la bile ?
Comment la bile monte-t-elle ?
Où se trouve placé le pli de Vater ?

QUATRIÈME CANDIDAT.

Quelle est la structure de la muqueuse de l'intestin grêle ?
Parlez-moi des villosités ?
En existe-t-il dans les autres parties des intestins ?
Qu'est-ce que les glandes de Lieberkühn ?
Y en a-t-il partout ?
Quelle est leur forme ?
Qu'est-ce que les glandes de Brunner ?
Où se trouvent-elles ?
Quelle est leur forme ?
Sont-elles chargées de secréter un liquide ?
Quels sont les usages du suc intestinal ?

RÉSULTAT : Tous reçus.

QUINZIÈME SÉRIE

MM.

Dolbeau,	Le Fort,	Delens.
	1 candidat.	

Préparations anatomiques.

Préparation : Articulation du tarse?
Examinateur : M. Dolbeau.
Trois candidats ne se sont pas présentés.
Les questions orales de cette série n'ont pu être recueillies, attendu que l'examen oral de la série suivante avait lieu en même temps.

Résultat : Ce candidat a été reçu.

SEIZIÈME SÉRIE

MM.

Sappey,	Richet,		Blum.
1er candidat.	2e candidat.	3e candidat.	4e candidat.

Préparations anatomiques.

1er candidat.	*Préparation :* Articulation du coude. *Examinateur :* M. Richet.
2e candidat.	*Préparation :* Plexus brachial. *Examinateur :* M. Blum.
3e candidat.	*Préparation :* Région plantaire. *Examinateur :* M. Sappey.
4e candidat.	Pas de candidat. —

Examen oral.

M. SAPPEY.

PREMIER CANDIDAT.

Qu'est-ce que le sinus frontal ?
Quelles sont ses communications ?
Comment est-il formé ?
Quel est le trajet du nerf maxillaire supérieur ?
Où commence-t-il ; où finit-il ?

Qu'est-ce que l'artère méningée moyenne ?
Qu'est-ce que le trou mastoïdien ?
Qu'est-ce que la dure-mère ?
Qu'est-ce que le pancréas ?
Quelle est sa direction ; quelle est sa longueur ?
Où commence le canal pancréatique ?
Où finit-il ?
Quels sont les viscères qui correspondent à ses deux extrémités ?
Combien y a-t-il de portions dans le pancréas ?
Qu'est-ce que le col du pancréas ; où le placez-vous ?
Qu'est-ce qui constitue l'étranglement du col du pancréas ?
Quels sont ses canaux excréteurs ?
Où placez-vous la portion verticale du pancréas ?
Où est situé le petit conduit pancréatique ?
Qu'est-ce qui le caractérise ?
En quoi diffère-t-il des autres conduits excréteurs ?
Le petit conduit est-il indépendant du grand conduit ?

DEUXIÈME CANDIDAT.

Quelles sont les veines qui présentent le plus de valvules ; sont-ce les veines profondes ou superficielles ?

Pourquoi y a-t-il plus de valvules dans les veines profondes que dans les veines superficielles ?

Les valvules sont-elles arrangées par paires ?

Quelle est la disposition des valvules dans les veines collatérales ?

Quelle est la structure des parois d'une veine ?

Quelle est la texture de la tunique adventice ?

Qu'est-ce que les vasa vasorum ?

Quels sont les nerfs qui président à la circulation ? Comment y président-ils ?

Qu'est-ce que les vaso-moteurs ? D'où viennent-ils ?

Comment prouve-t-on que les vaso-moteurs du membre inférieur viennent du grand sympathique ?

Parlez-moi de la tunique moyenne dans les artères ?

Qu'est-ce que la tunique interne ?

Que se passe-t-il si on déchire une artère en tirant par les deux extrémités ; quelles tuniques se déchirent les premières ?

Sous quel aspect se présente la tunique externe après la déchirure ?

Quelle est la direction du muscle grand oblique de l'œil ? — (Réfléchi.)

Quel est le nerf qui l'anime ?

D'où naît le nerf pathétique ?

Qu'y a-t-il au-dessus de la protubérance ?

Qu'est-ce qui constitue l'étage supérieur de l'isthme de l'encéphale ? D'où naît le nerf moteur oculaire commun ?

M. BLUM.

TROISIÈME CANDIDAT.

Quels sont les éléments constituants du cordon spermatique ?

Quelles artères font partie du cordon ?

Où aboutissent-elles ?

A quoi sert le cordon ?

Quelles veines y rencontre-t-on ?

Où se rendent-elles ?

Outre les veines qu'y a-t-il encore ?

Outre le tissu musculaire qu'y a-t-il encore ?

Quels sont les vaisseaux lymphatiques que l'on rencontre ?

Où vont se rendre ces vaisseaux lymphatiques ?

Par quel mécanisme se ferme la trachée pendant le passage du bol alimentaire ?

Enumérez-moi les principales glandes salivaires avec leurs conduits ?

Pourquoi les glandes salivaires ont-elles une sécrétion plus abondante pendant la mastication ?

Par quel mécanisme ?

Y a-t-il une action réflexe produite par ces nerfs ?

Par quel nerf ?

Quand vous êtes sur le point de vomir, sous l'influence de quel nerf avez-vous de l'eau plein la bouche ?

Sous l'influence de quels nerfs en général se produit-il une sécrétion de salive abondante ?

PREMIER CANDIDAT.

Qu'est-ce que le ganglion ophthalmique ?

Quels nerfs fournit-il ?

Que se passera-t-il si vous coupez le nerf moteur oculaire commun ?

Et si vous coupez le grand sympathique ?

D'où vient l'artère vertébrale ?

Décrivez son trajet ?
Combien y a-t-il d'ordres d'artères spinales ?
Quels rameaux fournit la vertébrale dans l'intérieur du crâne ?
Avec quoi s'anastomose la cérébrale postérieure ?
Quelles sont les enveloppes du cerveau ?
Quels sont les replis de la dure-mère ?
Quels sont les replis de l'arachnoïde ?
Qu'est-ce que le liquide arachnoïdien ?
Qu'y a-t-il de particulier pour la pie-mère ?
Que devient la dure-mère au niveau des orifices ?
Qu'est-ce que les glandes de Paccini ?
Qu'est-ce que le périoste ?
Qu'est-ce que les artères nourricières des os ?
Combien y a-t-il d'artères nourricières pour les os des membres ?
Quelle est leur direction ?
Quel est le rôle du périoste ?
A quoi sert la moelle ?
Qu'est-ce que les cartilages inter-articulaires ?
Où sont-ils situés ?
A quoi servent-ils ?

M. RICHET.

DEUXIÈME CANDIDAT.

Décrivez-moi l'artère crurale ?

Si le membre est étendu la jambe sur la cuisse, et la cuisse sur le bassin, quel est le trajet de l'artère ; fixez-le par une ligne ?

Qu'est-ce qui s'insère au condyle interne du fémur ?

A quelle hauteur s'engage l'artère dans le canal de Hunter ?

A quelle hauteur naît la fémorale profonde ?

Dans quelle proportion rencontre-t-on des anomalies relativement à la naissance de la fémorale profonde ?

Décrivez-moi l'anneau ombilical ?

Y a-t-il une ouverture persistante pendant toute la vie ?

Comment se produisent les hernies ombilicales ?

Que savez-vous sur l'entrée de l'air dans les veines ? Quel auteur en a parlé le premier ?

Connaissez-vous des travaux sur cette question ?

Dans quelles conditions se trouve le système veineux dans ce qu'on appelle la sphère d'attraction ou d'aspiration de la poitrine ?

Dans quelles conditions sont les veines du cou pendant l'aspiration ?

Quelle différence existe-t-il entre la veine jugulaire et la veine fémorale pendant l'aspiration ?

TROISIÈME CANDIDAT.

Avec quoi les veines présentent-elles des adhérences ?
Sont-elles adhérentes aux os ; aux aponévroses ; aux muscles ?
Décrivez-moi le périnée ; la région périnéale antérieure ?
Combien de couches dans le périnée ?
Pourquoi le périnée est-il plus épais chez certains individus ?
Chez les vieillards, quelle est l'épaisseur du périnée ?
Quelle est l'épaisseur de la prostate chez les adultes ?
Et chez les vieillards ?
Qu'est ce que l'aponévrose de Carcassonne ?
Combien présente-t-elle de feuillets ?
Quelle est la disposition des muscles fessiers ?
Quelle est la forme du sac lacrymal ?
A quoi le comparez-vous ? (Cône)
Qu'est-ce qui est dirigé en bas ?
Quelle est la constitution du sac ?
Montrez-moi sur le crâne où est la gouttière lacrymale ?
Quelles sont ses limites ?
Par quoi est constituée la gouttière lacrymale en arrière ?
Quelle est la structure du sac lacrymal ?
Quelle est la constitution de la membrane muqueuse du sac lacrymal ?
Y a-t-il des glandes ?
Y a-t-il des valvules ?
Quel est le cours des larmes ?
Où commence le sac. où finit-il ?
Qu'y a t-il à l'ouverture des conduits lacrymaux ?
Sont-il ouverts ? (toujours ouverts.)
Pourquoi, dans quel but sont-ils toujours ouverts ?

RÉSULTAT : 1er et 3e reçus.
2e refusé.

DIX-SEPTIÈME SÉRIE

MM.

Le Fort.	Sappey.		Blum.
1er candidat.	2e candidat.	3e candidat.	4e candidat.

Préparations anatomiques.

1er candidat. } *Préparation :* Pli du coude.
Examinateur : M. Sappey.

2e candidat. } *Préparation :* Pharynx.
Examinateur : M. Blum.

3e candidat. } *Préparation :* Nerf sciatique poplité externe.
Examinateur : M. Le Fort.

4e candidat. } *Préparation :* Paroi antérieure de l'abdomen.
Examinateur : M. Le Fort.

Examen oral.

M. LE FORT.

PREMIER CANDIDAT.

Décrivez-moi les organes génitaux de la femme ?

Décrivez-moi le ligament large ?

Comment se comportent les parties latérales de l'utérus par rapport au péritoine ?

Quels sont les rapports des bords latéraux de l'utérus avec le péritoine ?

Qu'est-ce qui constitue les cornes de l'utérus ?

Quelle est la forme de l'utérus ?

A quel point de l'utérus s'insèrent les appendices de l'utérus ?

Comment se comporte le péritoine à cet endroit ?

Qu'est-ce que les ailerons ?

Quelle est la structure de l'ovaire ?

Qu'est-ce que les vésicules de Graaf ?

Ces vésicules présentent-elles des différences pendant la vie ?

Quelle est la forme de la cavité utérine ?

Que remarque-t-on dans la cavité du col ?

(Des stries ; l'arbre de vie).

Quel nom donne-t-on à ces stries ?

(Arbre de vie).

Décrivez-moi le quatrième ventricule ?

DEUXIÈME CANDIDAT.

Décrivez-moi le cœur ?

Qu'est-ce que la fosse ovale ?

Quels orifices font communiquer les oreillettes avec les ventricules, leur disposition ?

Comment distingue-t-on les colonnes que l'on rencontre dans le cœur ?

Combien y a-t-il d'ordres de colonnes charnues du cœur ?

Quelle est la disposition des orifices artériels ?

Quelles sont les branches de l'artère carotide externe ?

Quel est le trajet de l'artère linguale ?

Quels sont ses rapports ?

M. BLUM.

TROISIÈME CANDIDAT.

Décrivez-moi l'os maxillaire inférieur ?

Où passe le nerf lingual ?

Quelles insertions rencontre-t-on sur l'os maxillaire inférieur ?

Qu'est-ce que la ligne mylo-hyoïdienne ?

Qu'est-ce que la glande maxillaire inférieure ?

Quel est le nom de son canal excréteur ?
Quelles artères sont en rapport avec la glande ?
Quelles sont les artères de la face?
Qu'est-ce que le système veineux pris dans son ensemble ; à quoi sert-il ?
En vertu de quoi le sang circule-t-il ?
Parlez-moi du mécanisme de la circulation et de l'influence de la respiration sur la circulation ?

QUATRIÈME CANDIDAT.

Décrivez moi la prostate ?
Quels sont les rapports de l'urèthre avec la prostate ?
Quelle est la structure de la prostate ?
Quelle est la structure du testicule ;
Si vous faites une coupe du testicule que voyez-vous?
Qu'est-ce que le corps d'Hyghmore ; sous quelle apparence se présente-t-il ?
Combien y a-t-il de lobules dans la glande testiculaire ?
Quelle est la structure du cordon ;
Quelles artères y trouve-t-on ?
Pourquoi dans l'articulation coxo-fémorale, la tête du fémur reste-t-elle en rapport avec l'os iliaque ?
Qu'est-ce qui s'insère sur la tête du fémur ?
A quoi sert le ligament rond ?
A quelle époque les dents poussent-elles?
De quoi se compose la première dentition?

PREMIER CANDIDAT.

Quels sont les ligaments de l'articulation de l'épaule ?
Que trouve-t-on dans le creux poplité ?
Décrivez-moi le canal inguinal ?
Comment est constitué l'orifice antérieur ?
Par quoi est constitué l'anneau interne ?
Par quoi sont constituées ces trois dépressions ?
Quelle est la structure du rectum ?
Quelle est sa direction ?
Combien présente-t-il de courbures ?
Quelle est la structure de la muqueuse du rectum?
Qu'est-ce que les valvules de Wirshow?
Qu'est-ce que les glandes de Lieberkühn ?

Quelle est la structure de l'amygdale ?
Quelle est la structure d'un follicule clos ?
Quelle est la structure de la fibre nerveuse ?
Comment se termine la gaîne de Schwann ?
Où se termine-t-elle ?

M. SAPPEY.

DEUXIÈME CANDIDAT.

Qu'est-ce que cet os ? (Une phalange d'un des trois derniers orteils).

Qu'est-ce qui caractérise les 2e et 3e phalanges du pied ?
En quoi diffèrent-elles de celles de la main ?
Quels sont les muscles de la partie postérieure de la jambe ?
Quels sont les muscles de la couche superficielle, et ceux de la couche profonde ?
Quelles sont les attaches du muscle jumeau interne ? de l'externe ?
Montrez-moi sur le fémur les points d'insertion de ces muscles ?
Où se dirige le tendon d'Achille ?
Qu'est-ce qui s'insère sur la moitié supérieure de la face postérieure du calcanéum ?
Quelles sont les insertions du plantaire grêle ?
Quelle est la longueur de son faisceau charnu ?
Quel est l'élément tactile de la substance grise du centre nerveux ?
Qu'est-ce que la cellule ?

TROISIÈME CANDIDAT.

Interrogations sur les phalanges du pied ?
Reconnaissance du 5e métacarpien ?
Que remarque-t-on sur cet os ?
Quels sont les rapports de l'estomac ?
Quelles artères longent la grande courbure de l'estomac ?
Et la petite courbure ?
Quels sont les rapports de la grosse tubérosité de l'estomac ?
Qu'est-ce qui sépare l'estomac du pancréas ?
Où est l'orifice de l'arrière-cavité des épiploons ?

QUATRIÈME CANDIDAT.

Quelle est la structure d'un lobule pulmonaire ?
Comment se divise-t-il ?
Comment se subdivise-t-il ?
Qu'est-ce qu'un infundibulum ?
Quels sont les rapports du rectum dans ses trois portions ?
Quelle est la plus courte des trois portions ; quelle est la plus longue ?
Quelles sont les attaches du muscle temporal ?
Insertions du frontal ?
Quel muscle s'attache à la face profonde de la peau du sourcil ?
Quelles sont les insertions du muscle orbiculaire ?
Qu'est-ce que le tendon de l'orbiculaire ?
Qu'est-ce que le tendon direct ?
Qu'est-ce que le tendon réfléchi ?
Quelle est la direction de ses fibres ?
Quels sont les rapports de l'artère carotide primitive dans sa portion cervicale ?
Quels sont ses rapports en arrière et en avant ?
Par quels muscles est-elle recouverte ?
Qu'est-ce que le muscle sterno-thyroïdien ?
D'où vient le nerf facial ?

Résultat : Tous reçus.

DIX-HUITIÈME SÉRIE

MM.

Sappey,	Richet,	Blum.
1er *candidat.*	2e *candidat.*	3e *candidat.*

Préparations anatomiques.

QUATRIÈME CANDIDAT.

1er candidat.	*Préparation :*	Articulation scapulo-humérale.
	Examinateur :	M. Blum.
2e candidat.	*Préparation :*	Région sus-hyoïdienne.
	Examinateur :	M. Richet.
3e candidat.	*Préparation :*	Eminence thénar.
	Examinateur :	M. Richet.
4e candidat.	*Préparation :*	Région inguinale.
	Examinateur :	M. Sappey.

M. SAPPEY.

PREMIER CANDIDAT.

Quel est cet os ? (2e métacarpien).
Insertions du fléchisseur commun superficiel ?
Insertion du fléchisseur commun profond ?
Quelles sont les branches qui partent de la crosse de l'aorte ?
Quelle est la plus courte des deux sous-clavières ?
Quelle est leur direction ?
Quelles sont les veines superficielles du bras ?

Où se terminent-elles ?
Quelle est la plus longue de la céphalique ou de la basilique ?
Jusqu'où remonte la céphalique ; quel est son trajet ?
Quels sont les rapports du tronc brachio-céphalique ?
Sur quoi repose le tronc brachio céphalique en arrière ?
D'où naît exactement le nerf moteur oculaire commun ?

DEUXIÈME CANDIDAT.

Quelle est cette phalange ? (1re du pied).
Pourquoi n'est-elle pas une première phalange des doigts ?
Quelle est cette autre phalange ? (1re du pied).
Quelle est cette autre ? (2e de la main).
Comment les phalanges de la main sont-elles unies les unes aux autres ?
Au moyen de quels ligaments ?
Ces ligaments sont-ils verticalement dirigés ?
Quels sont les rapports de l'artère poplitée ?
Où se trouve situé le nerf poplité ?
Où sont situés le sciatique poplité interne, et le sciatique poplité externe ?
A quel endroit se fait la division ?
Quelles sont les insertions du long péronier latéral ?
Quel est l'autre tendon qui s'attache à la même tubérosité sur le même os ?
Qu'est-ce que l'on trouve dans le sinus caverneux ?

TROISIÈME CANDIDAT.

Décrivez-moi le condyle externe du fémur ?
Quelles insertions rencontre-t-on sur ce condyle ?
Où s'insère le ligament de Bertin ?
Quelles sont les branches fournies par l'artère fémorale ?
Quelles sont les branches fournies par la fémorale profonde ?
Combien y a-t-il d'espèces de glandes salivaires ?
Décrivez-moi le muscle péristaphilin externe ?
Quelles sont ses insertions ?

M. BLUM.

QUATRIÈME CANDIDAT.

Quels sont les muscles du globe oculaire ?
Quelle est leur action ?
Quels sont les nerfs qui animent ces muscles ?
Qu'est-ce que l'accommodation ?
Quel est l'agent de l'accommodation ?
Qu'est-ce que la contraction musculaire ?
Quelle différence entre la contraction et la tonicité musculaires ?

DEUXIÈME CANDIDAT.

En quoi consiste la contractilité musculaire ?
Quelles sont les différentes théories sur la contractilité musculaire ?
Qu'est-ce qu'on entend par rigidité cadavérique ?
Quels sont les muscles qui sont rigides les premiers ?
Quels sont les différents types d'efforts qui se produisent chez l'homme ?
Par quel procédé se fait la miction de l'urine ?
A quel moment interviennent les muscles du périnée ?
Quelle est la structure des nerfs ?
Qu'est-ce qu'un corpuscule de Paccini ?
Quand on coupe un nerf que se passe-t-il ?

TROISIÈME CANDIDAT.

Quels sont les organes de la femme contenus dans les ligaments larges ?
Si vous coupez la trompe quel aspect présente la section ?
Où se termine la trompe ?
En quoi consiste la menstruation ?
A quoi est-elle due ?
Expliquez comment s'opère la menstruation ?
Quels sont les rapports du péritoine avec le vagin ?

M. RICHET.

PREMIER CANDIDAT

Décrivez-moi la plèvre ?

Donnez-moi une idée des médiastins ?

Pourquoi les médiastins ressemblent-ils à un sablier ?

Dans quel endroit du poumon se trouve un rétrécissement ?

Dans quel médiastin se trouverait le cœur ?

Qu'y a-t-il dans le médiastin supérieur ?

Y a-t-il des nerfs et des veines ?

Comment comprenez-vous les fonctions du poumon ?

Comment le poumon fonctionne-t il ?

Quelle est la théorie mécanique ?

Qu'est-ce que l'élasticité du poumon, à quoi est-elle due ?

Prouvez-moi physiologiquement la présence de fibres élastiques dans le poumon ? Par quelle expérience ?

Jusqu'à quel moment persiste l'élasticité du poumon après la mort ?

Qu'est-ce que l'élasticité du poumon a d'utile pour l'expiration ?

Que voyez-vous à la face inférieure du diaphragme ?

Si vous disséquez le diaphragme par sa face inférieure, qu'est-ce que vous enlevez d'abord ? (Péritoine).

Où s'insère le psoas-iliaque ?

Que présente de particulier le tendon du psoas-iliaque ?

Citez-moi une bourse séreuse cloisonnée qui ne soit pas vésiculaire ?

Que présente de remarquable la bourse séreuse qui est sous le grand trochanter ?

Avec quoi est-elle en rapport ?

QUATRIÈME CANDIDAT.

D'où vient le nerf facial ?

Par combien de racines naît-il ?

Quelle est la conséquence physiologique de la naissance de ces racines ?

Le nerf facial est-il un nerf sensitif ?

Où naît la corde du tympan ; quel est son trajet ?

Est-ce un nerf moteur, ou un nerf sensitif ? (Les anatomistes ont voulu que ce soit un nerf moteur ; mais pour les chirurgiens, c'est un nerf sensitif ; il est sensitif au moins autant que moteur ?)

Quelle est la direction du rectum?

Où commence-t-il; où finit-il ?

Où se trouve le sommet de la courbure supérieure ?

Où commence la courbure inférieure, où est son point culminant ?

Le rectum est-il rectiligne?

L'urèthre est-il rectiligne ?

Résultat : Tous reçus.

TABLE

DES

PRÉPARATIONS ANATOMIQUES

1re série. Grand hypoglosse.
Aponévroses abdominales.
Creux poplité.
Muscles de l'épaule.

2e série. Eminence thénar.
Glandes salivaires.
Région inguino-crurale.

3e série. Fosse iliaque interne.
Nerf récurrent.
Artère axillaire.
Articulation tibio-tarsienne.

4e série. Région sus-hyoïdienne.
Pancréas et canal pancréatique.
Articulation scapulo-humérale.
Région postérieure de la jambe.

5e série. Canal crural et canal inguinal.
Glandes salivaires.
Veines et artères de l'avant-bras.
Articulation huméro-cubitale.

6e série. Veine porte.
Carotide primitive.
Articulation tibio-tarsienne.
Nerfs du pied.

7e série. Nerf sciatique poplité interne.
Plexus lombaire.
Muscles et nerfs de l'épaule.
Pharynx.

8e série.
- Région antéro-externe de la jambe.
- Duodénum.
- Articulation du genou.
- Muscle de la langue.

9e série.
- Région postérieure de la jambe.
- Région postérieure du bras.
- Nerf radial.
- Muscles de l'œil.

10e série.
- Muscles du larynx.
- Nerf cubital.

11e série.
- Articulations péronéo-tibiales inférieure et supérieure.
- Région inguino-crurale.
- Région sus-hyoïdienne.
- Artère radiale.

12e série.
- Région parotidienne.
- Nerf médian.
- Articulation de l'épaule.
- Muscles de la main.

13e série.
- Région antérieure de l'avant-bras.
- Artère humérale.
- Nerfs de la main et des doigts.
- Articulation temporo-maxillaire.

14e série.
- Articulation coxo-fémorale.
- Muscles de l'œil.
- Creux poplité.
- Articulation cubitale.

15e série.
- Articulation du tarse.

16e série.
- Articulation du coude.
- Plexus brachial.
- Région plantaire.

17e série.
- Pli du coude.
- Pharynx.
- Nerf sciatique poplité externe.
- Paroi antérieure de l'abdomen.

18e série.
- Articulation scapulo-humérale.
- Région sus-hyoïdienne.
- Eminence thénar.
- Région inguinale.

TABLEAU DES JURYS

(avec indication du résultat de l'Examen devant chaque Jury.)

Série	MM.	Résultat
1re série..	Béclard, pr Trélat. Ledentu.	Tous reçus.
2e —	Sappey, pr Dolbeau. Mathias Duval.	1 Refusé.
3e —	Sappey, pr Dolbeau. Delens.	1 Refusé.
4e —	Vulpian, pr Béclard. Ledentu.	Tous reçus.
5e —	Gosselin, pr Le Fort. Lannelongue.	Tous reçus.
6e —	Sappey, pr Dolbeau. Anger.	2 Refusés.
7e —	Verneuil, pr Trélat. Farabeuf.	Tous reçus.
8e —	Sappey, pr Dolbeau. Delens.	2 Refusés.
9e —	Richet, pr Dolbeau. Anger.	2 Refusés.

Série	Jury	Résultat
10e série..	Gosselin. pr.....................	1 Refusé.
	Sappey.	
	Blum.	
11e —	Vulpian, pr.....................	Tous reçus.
	Trélat.	
	Farabeuf.	
12e —	Richet, pr.....................	Tous reçus.
	Sappey.	
	Anger.	
13e —	Vulpian, pr.....................	Tous reçus.
	Mathias Duval.	
	Blum.	
14e —	Vulpian, pr.....................	Tous reçus.
	Trélat.	
	Farabeuf.	
15e —	Lefort, pr.....................	Tous reçus.
	Dolbeau.	
	Delens.	
16e —	Richet, pr.....................	1 Refusé.
	Sappey.	
	Blum.	
17e —	Sappey, pr.....................	Tous reçus.
	Le Fort.	
	Blum.	
18e —	Richet, pr.....................	Tous reçus.
	Sappey.	
	Blum.	

QUESTIONS SUR LES ACCOUCHEMENTS

5e Examen de Doctorat.

EXAMENS DE SAGE-FEMME.

MM.
Depaul.
Pajot.

Combien faut-il de temps à une femme pour accoucher quand elle a eu huit enfants ?

Quels sont les diamètres fœtaux qui ne peuvent pas passer dans le bassin ?

Qu'est-ce que le ligament rond, sa structure ?

Qu'est-ce que le vagin, sa forme, ses rapports ?

Est-il susceptible de se rallonger ?

Au point de vue des trombus quelle est la partie du vagin la plus utile à connaître ?

Y a t-il des glandes dans le vagin ?

Quels sont les muscles du vagin ?

Quelles sont les artères, les veines du vagin ?

D'où viennent les nerfs du vagin ?

Quelle est la portion du vagin la plus épaisse ?

Comment appelle t-on la cloison qui unit le vagin, à la vessie, le vagin à l'urèthre, le vagin au rectum ?

Qu'appelez-vous bulbe du vagin ?

Qu'est-ce que les culs-de-sac du vagin ?

Qu'est-ce que l'utérus ?

Combien de parties distinguez-vous à l'utérus ?

Qu'est-ce que le fond, le corps, le col de l'utérus ?

Quelle est sa direction ?

Quelle est sa structure à l'état de vacuité ?

Et à l'état gravide ?

Quel est son volume et son poids chez la nullipare, et chez la multipare ?

Quelle est sa forme ?

Prouvez-moi qu'il y a une muqueuse de l'utérus ?

Comment sont les fibres du col de l'utérus chez une femme enceinte et à terme ?

Comment appelez-vous le mucus qui vient des glandes mucipares du col de l'utérus ?

Comment est le liquide sécrété par la muqueuse de l'utérus ?

Quelles sont les variétés de l'utérus à tous les âges ; chez l'enfant, l'adulte et la vieille femme ?

Quels sont les rapports de l'utérus à l'état de vacuité, et à l'état gravide, et à terme ?

Parlez-moi de la muqueuse de l'utérus ?

Que se passe-t-il dans la matrice pendant la gestation ?

Quelles sont ses propriétés à l'état gravide ?

Quelle est la structure de la musculeuse de l'utérus ?

Quelles sont les causes qui peuvent amener une rupture de l'utérus ?

Comment est le col chez une nullipare ?

Et chez la multipare ?

D'où viennent les artères qui vont à l'utérus ?

D'où viennent les nerfs qui vont à l'utérus ?

Pourquoi le col de l'utérus est-il plus sensible que le corps ?

Qu'y a-t-il d'important à connaître dans l'utérus ?

Décrivez-moi la mamelle ?

Y a-t-il un tissu particulier au bout du sein ?

Combien de trous au bout du mamelon ?

D'où viennent les conduits galactophores ?

Ou sont situées les glandes mammaires ?

Qu'est ce que le mamelon ; structure de la mamelle ?

Que donnerez-vous à une femme qui a des crevasses au sein ?

Qu'est-ce que les axes ?

Décrivez-moi l'axe du détroit supérieur ?

Quelle est sa direction ?

Quel est le plan du détroit supérieur ?

Quelle est son inclinaison ?

Quel est l'axe du détroit inférieur ?

Quelle est sa direction ?

Quel est le plan du détroit inférieur ?

Quelle est son inclinaison ?

Qu'est-ce que l'axe de l'excavation ?

Qu'est-ce que l'axe de la vulve ?

Qu'est-ce que l'axe général ?

Qu'est-ce que le placenta ?

Quel est son poids ?

Quelle est sa forme ?

Quels sont ses diamètres ?

Combien de faces y distinguez-vous ?

Comment est la face utérine ?

Comment est la face fœtale ?
Quelle est sa structure ?
Que trouve-t-on sur la face utérine du placenta ?
Qu'est-ce que la caduque ?
Comment se divise la caduque ?
Qu'est-ce que la vulve ?
De quoi se compose-t-elle ?
Combien y a-t-il de glandes dans la vulve ?
Quelle est la plus importante à connaître ?
Où est-elle située ?
Quelle est sa grosseur ?
Qu'est-ce que l'ovaire ; à quoi sert-il ?
Quelle est sa direction ; quelle est sa structure ?
Qu'appelle-t-on Hile de l'ovaire ?
Qu'est-ce que l'ovule ?
Quelle est sa structure ; où est-il situé ?
Qu'est-ce que la vésicule de Graaf ?
Quelle est sa structure ?
Qu'est-ce que le ligament large ?
Par quoi est-il formé ?
Qu'y a-t-il dans ce ligament ?
Que contiennent les ailerons du ligament large ?
Par quoi est formé le corps de Rosen Muller ?
Pourquoi un enfant est-il prédisposé aux hernies ombilicales ?
Comment tombe le cordon ?
Quel est le troisième temps de l'évolution spontanée ?
Quelle est la longueur du cordon ?
Quelle est sa structure ?
Comment s'y prend-on pour emmailloter un enfant ?
Comment habille-t-on les enfants à l'anglaise ?
Qu'est-ce qu'un bout de sein artificiel ?

Pourquoi une présentation du tronc est-elle moins invincible qu'un bassin vicié ?

Que faire lorsque la matrice se rompt ?

Lorsque l'occiput est en deuxième position, comment se fait l'accouchement ?

Pourquoi dans cette deuxième position le mouvement de rotation est-il plus long ?

Comment se fait le dégagement quand l'occiput est en arrière ?

En arrivant chez une femme accouchée depuis la veille, que lui demanderez-vous ?

Chez quelles femmes principalement faut-il s'informer si elles ont uriné ?

Quelle position lui ferez-vous prendre afin qu'elle urine plus facilement ?

Qu'y a-t-il d'important à connaître dans l'utérus ?

Comment distinguez-vous en touchant une femme en travail que c'est le pied droit, lorsque le talon est à gauche?

Comment appelle-t-on cette position ?

Comment se fera l'accouchement dans une position iliaque gauche antérieure ?

Quand les épaules seront dégagées, comment se feront les autres temps ?

Quelle est la précaution prise par la nature contre le mouvement de bascule du sacrum ?

En quoi diffère le tissu musculeux de l'utérus avec les muscles ?

Comment est placée la trompe ?

Comment l'ovaire communique-t-il avec l'utérus ?

A quoi sert l'enveloppe de l'ovaire ?

Quels sont les organes qui peuvent gêner pendant l'accouchement ?

Quels sont les cas dans lesquels on est gêné pour savoir si c'est une fausse couche ?

Quand un enfant se présente par un pied, que faut-il faire ?

Faut-il mettre toutes les femmes qui accouchent d'un enfant par les pieds, sur le bord du lit ?

Quelles sont celles chez lesquelles on peut s'en dispenser ?

Qu'est-ce que l'éclampsie ?

Qu'est-ce que le coma ?

Qu'a-t-on à craindre chez une femme qui a eu des attaques pendant le travail?

Quelles sont les facultés qui peuvent être atteintes ?

Quels sont les signes qui vous annoncent qu'une femme est menacée de l'éclampsie ?

Comment trouve-t-on de l'albumine dans l'urine ?

Quelles précautions faut-il prendre avant de lier le cordon?

Peut-on séparer l'ammios du placenta ?

Où se trouve situé le sphincter du vagin ?

Quelles sont les déchirures diverses qui peuvent survenir au moment de l'accouchement ?

Comment est le col chez une femme enceinte de six mois ?

Combien y a-t-il de sortes de lochies ?

Dans quel cas l'enfant ne sortira-t-il pas quand même il est bien conformé ?

Combien de fois le sommet se présente-t-il ?

Quand l'occiput est dans la courbure du sacrum que ferez-vous ?

Que remarque-t-on sur le bord supérieur du ligament large ?

Sent-on la partie fœtale dans une mauvaise position ? Dans quelles positions ?

Qu'est-ce que le col de l'utérus ?

Que sent-on si on touche le placenta inséré sur le col ?

Que veut dire fongueux ?

Quand le mouvement de rotation ne se fait pas dans la face, comment dégage-t-on ?

Que faut-il faire à un enfant qui tend à devenir rachitique ?

Dans quel cas faut-il rompre la poche des eaux quand la dilatation n'est pas complète ?

Quel est le canal excréteur de l'ovaire ?

Comment est le liquide secrété par le vagin ?

Et celui de la glande vulvo vaginale ?

Quelles sont les complications d'une présentation du siége ?

Qu'est-ce que l'ophthalmie purulente ?

Comment la traiterez-vous ?

Le siége se présente t-il souvent ?

Et l'épaule ?

Et la face ?

Quels sont les cas dans lesquels on ne sent pas la tête par le toucher ?

Qu'est-ce que l'ombilic chez le fœtus ?

Qu'est ce qu'une ménorrhagie ?

Qu'est-ce qu'une métrorrhagie ?

Qu'est-ce qu'une aménorrhée ?

Quelles sont les maladies que l'enfant peut apporter en naissant ?

Quelles sont les maladies placentaires ?

Qu'est-ce que la môle charnue ?

Qu'est-ce que l'apoplexie du placenta ?

Qu'est-ce que la mole hydatique ?

Qu'est ce que la dégénérescence graisseuse, fibreuse, calcaire du placenta ?

Qu'est-ce que l'amnios ?

Où entend-on les bruits du cœur dans chacune des présentations ?

Comment est le col chez une femme enceinte de six mois ?

Quelle différence y a-t-il entre l'éclampsie et l'épilepsie ?

Quels sont les cas dans lesquels il faut appliquer le forceps ?

Dans quelle mauvaise position sent-on la partie fœtale ?

Qu'appelle-t-on orifices de la matrice ?

Quels sont les organes génitaux internes de la femme ?

Quel est le point de repère dans les différents accouchements ?

Quel est le pronostic de la face ?

Qu'est-ce qu'une tranchée utérine ?

Quels sont les soins que vous donnerez à une femme accouchée qui perd beaucoup ?

Quelles sont les causes de l'inertie utérine primitive ?

Comment appelez-vous les racines du clitoris ?

Avec quoi sont en rapport les bords du ligament large ?

Le sang des règles peut-il venir des ovaires et quelles en sont les suites fâcheuses ?

A quelles vertèbres correspondent les artères ovariques ?

Qu'est-ce que la méthode de Simpson, s'il y a insertion vicieuse du placenta ?

Quelles sont les causes du renversement de l'utérus ?

Pourquoi est-il impossible à une présentation du sommet engagé de se changer en une position de la face ?

Qu'est-ce que la caduque ?

Quelles sont les positions secondaires du sommet ?

Combien de sortes de convulsions peut avoir la femme enceinte ?

Quelle différence y a-t-il entre les hémorrhagies des premiers mois de la grossesse et celles des derniers mois ?

En quoi consiste le travail de l'accouchement ?

Quelles sont les femmes qui ont la paroi de l'abdomen paralysée ?

Quels sont les vaisseaux qui sont comprimés chez une femme qui a de l'œdème ?

Où est le muscle de l'ovaire ?

Où sont situées les artères hypogastriques qui vont à l'utérus ?

Dans quel cas ne faut-il pas remonter le cordon quand il y a procidence ?

Qu'est-ce que l'éclampsie ?

Quelles sont les femmes prédisposées à l'éclampsie ?

Quel est le traitement à faire dans une phlegmatia alba dolens ?

Quels sont les diamètres qui passent tour à tour dans le petit bassin ?

Dans quel cas une femme a-t-elle le pouls petit et fréquent ?

Qu'est-ce qu'une procidence ?

Quelle est la direction du ligament rond ?

Qu'est-ce que la fièvre puerpérale ?

Quelle différence y a-t-il entre l'infection putride et l'infection purulente ?

Quels sont les obstacles à l'accouchement qui viennent des parties molles ?

Qu'est-ce que la bosse sanguine ?

Que veut dire le mot endosmose ?

Comment se nourrit le fœtus ?

Qu'est-ce qui peut empêcher un placenta de se décoller ?

Que concluez-vous d'une femme qui perd dès le début de sa grossesse ?

Parlez-moi des vaisseaux dans le petit bassin ?

Où se distribuent-ils ?

Qu'est-ce qu'une métrite ?

Que se passe-t-il du côté de l'articulation sacro-iliaque pendant l'accouchement ?

Quels sont les mouvements qu'elle exécute ?

Donnez-moi la division du bassin ?

Qu'est-ce que le ligament grand sciatique ?

Qu'est-ce qui passe par les trous sciatiques ?

Qu'entendez-vous par suite de couches ?

Quels sont ces phénomènes ?

De quoi faut-il s'assurer avant de permettre à une femme de se lever ?

Comment distinguez-vous une position du tronc ?

Si vous ne réussissez pas à remonter le cordon dans une procidence, que ferez-vous ?

Quelles sont les fonctions de l'utérus ?

Où se trouve l'aileron postérieur du ligament large ?

Quelles différences faites-vous entre l'aileron supérieur et l'aileron moyen ?

Quelles sont les femmes chez lesquelles l'ovaire est adhérent au petit bassin ?

Sous quel aspect se présentent les ramifications du placenta ?

Dans quelle maladie le placenta est-il le plus volumineux ?

Dans quel cas rencontre-t-on une procidence du cordon ?

Quelles sont les grossesses dans lesquelles on ne sent pas le ballottement vaginal ? (R. Gémellaires.)

Dans quel cas le sent-on toujours ?

Dans quel cas faut-il dire à une femme de ne pas pousser ?

Dans quel cas faut-il dire surtout de pousser ?

Quelles sont les maladies puerpérales après l'accouchement ?

Qu'est-ce que la rétention d'urine ?

Qu'est-ce que l'incontinence d'urine ?

Qu'est-ce qu'une fistule ?

Quelles sont celles qui peuvent survenir après l'accouchement ?

Qu'est-ce que la péritonite ?

Qu'est-ce qu'un phlegmon ?

Qu'est-ce que le psoïtis ?

Qu'est-ce que l'infection putride ?

Qu'est-ce que l'infection purulente ?

Quels sont les ligaments qui maintiennent le mieux l'utérus ?

Quels sont les diamètres les plus petits du détroit supérieur ?

Décrivez-moi l'organisation du placenta ?

Savez-vous ce que c'est que le thymus ?

Qu'est-ce que la ligne blanche ?

Quelles sont les causes qui peuvent amener la rupture de l'utérus ?

Quelles sont les maladies du sein ?

Qu'est-ce que la vésicule ombilicale ?

Au bout de combien de jours disparaît-elle ?

Qu'est-ce que le muguet des nouveau-nés ; comment le traite-t-on ?

Qu'est-ce que l'antéversion ?

Dans quel cas faut-il coucher la femme avant la dilatation complète du col ?

Pourquoi certaines femmes ont-elles la jaunisse à la fin de la grossesse ?

Qu'est-ce que l'ophthalmie purulente ?
Quel traitement faut-il suivre ?
De quelle partie naît le cordon ?
Par quoi est formé le méconium ?
Comment la syphilis agit-elle pour déterminer l'avortement ?
La hernie ombilicale porte-t-elle un autre nom ?
Qu'est-ce que la résorption du tissu utérin ?
Qu'est-ce qu'un prolapsus utérin ?
Qu'est-ce que l'albuminurie ?
Prouvez-moi qu'il n'y a pas de communication directe entre la mère et le fœtus ?
Qu'est-ce que le bassin ?
Quelle est sa forme ?
De quoi est-il formé ?
Qu'est-ce que l'ouraque.
Quelle est la hauteur de l'arcade pubienne ?
Quels sont les phénomènes physiologiques de l'accouchement ?
Qu'est-ce qui manque aux os des enfants rachitiques ?
Quelles sont les femmes qui ont le plus d'œdème pendant la grossesse ?
Quelles sont les femmes qui ont de gros placentas ?
Qu'appelle-t-on version céphalique ?
Dans quelle présentation le palper vous rend-il le plus de service ?
Quelles sont les causes de la présentation du siége ?
Grossesse gémellaire ?
Utérus distendu ?
Insertion vicieuse du placenta ?
Bassin vicié ?
Quelle est la grossesse la plus rare ?
Que fait-on pour arrêter l'hémorrhagie ombilicale du fœtus ?

FIN

Versailles. — Imprimerie Cerf et Fils, 59, rue du Plessis.

Aux bureaux du **PROGRÈS MÉDICAL**, de midi à cinq h...

BÉTOUS (I.). Etude sur le tabes spasmodique. In-8 de 48 pages...

BOURNEVILLE. Recherches cliniques et thérapeutiques sur l'épi... l'hystérie. In-8 de 200 pages avec 5 fig. dans le texte de 3 planches...

BOURNEVILLE. Science et miracle : *Louise Lateau* ou la *Stigmati...* In-8 de 72 pages avec 2 fig. dans le texte et une eau forte, dess... P. Richer. 2 fr. 50. Pour nos abonnés.......................... 1...

BOURNEVILLE. Notes et observations cliniques et thermométriqu... fièvre typhoïde. In-8° compacte de 80 pages, avec 10 tracés en chrom... graphie...

BOURNEVILLE et L. GUÉRARD. De la sclérose en plaques disséminé... gr. in-8 de 240 p. avec 10 fig. et 1 pl. 4 fr. 50. — Pour nos abonné...

BOURNEVILLE et VOULET. — De la contracture hystérique perma... appréciation scientifique des miracles de Saint-Louis et de Saint-... In-8°..

BUDIN (P.). De la tête du fœtus au point de vue de l'obstétri... cherches cliniques et expérimentales. Gr. in-8 de 112 pages, avec ... breux tableaux, dix figures intercalées dans le texte, 30 planches ... une planche en chromo-lithographie. Prix : 10 fr. Pour les abonné... *grès*, 6 fr. franco.

CHARCOT (J.-M.). Leçons sur les maladies du système nerveux... l'hospice de la Salpêtrière, recueillies et publiées par BOURNEVILLE... 1° Des anomalies de l'ataxie locomotrice. In-8° de 72 pages avec cinq ... dans le texte et une planche en chromo-lithographie, 2 francs. Pour les a... du *Progrès Médical*, 1 fr. 25 c. *franco*. — 2° De la compression lente ... moelle épinière. In-8° de 72 pages, avec figures et 2 planches en chromo-... graphie, 2 fr. 25. Pour les abonnés du *Progrès Médical*, 1 fr. 25. — 3° ... amyotrophies, in-8 de 112 pages avec 23 fig. dans le texte et 2 pl., 4 ... nos abonnés, 2 fr. 50. — Les trois fascicules, pour les abonnés, *franco* ...

DU BASTY. De la piqure des hyménoptères porte-aiguillon. Gr. in-8 de ... pages. 1 fr. 25. Pour les abonnés du *Progrès*, 0 fr. 80 c.

FARABEUF (L.-H.). Réformes à apporter dans l'enseignement prati... l'anatomie. Gr. in-8 de 28 pages, 75 cent.

FERRIER. Recherches expérimentales sur la physiologie et la patholo... rébrales. Traduction avec l'autorisation de l'auteur, par H. DURET, in... hôpitaux. In-8° de 74 p. avec 11 fig. dans le texte, 2 fr. Pour nos abonnés 1 fr...

HAYEM (G.) Leçons cliniques sur les manifestations cardiaques de l... typhoïde, recueillies par Boudet de Pâris. In-8 de 88 pages avec 5 fig. ... Pour les abonnés... 1 fr...

MARSAT (A.). Des usages thérapeutiques du *nitrite d'amyle*. In-8 de ... ges. 1 fr. 25. Pour nos abonnés, 80 cent., franco.

RAYMOND. Etude anatomique, physiologique et clinique sur l'hém... l'hémianesthésie et les tremblements symptomatiques. In-8° de 140 p... avec figure dans le texte et 3 planches.

THAON (L.). Recherches cliniques et anatomo-pathologiques sur ... culose. Grand in-8° de 112 pages, avec 2 planches en chrom... phie, 3 fr. 50. Pour nos abonnés.. 2 f...

VERSAILLES. — IMPRIMERIE CERF ET FILS, 59, RUE DU PL...

www.ingramcontent.com/pod-product-compliance
Ingram Content Group UK Ltd.
Pitfield, Milton Keynes, MK11 3LW, UK
UKHW022120190726
13855UKWH00003B/978